湖北大别山常见药用木本植物

向福　方元平　甄爱国　项俊　著

樊官伟　主审

·北京·

内容简介

大别山跨鄂、豫、皖三省，其中鄂东大别山植物区系丰富，被誉为中原地区的物种资源库和生物基因库，也是湖北境内幸存的唯一一块较完整的华东植物区系代表地。

作者在鄂东大别山地区30余年野外植物科考工作的基础上，筛选出较为常见的药用木本植物60科116属151种，分别介绍其种名、关键识别特征、释名解义、入药部位及性味功效、经方验方应用例证、中成药应用例证、现代临床应用等内容。

《湖北大别山常见药用木本植物》图文并茂，言简意赅，清晰直观，科学性、实用性、应用性与传统文化内涵有机融合，可供科研院所、高校、企业、地方机构部门等企事业单位有关人员和中医药、植物爱好者参考，也可作为相关专业实习实践用书。

图书在版编目（CIP）数据

湖北大别山常见药用木本植物 / 向福等著. —北京：化学工业出版社，2022.3

ISBN 978-7-122-40731-3

Ⅰ.①湖… Ⅱ.①向… Ⅲ.① 大别山-药用植物-木本植物-介绍-湖北 Ⅳ.① Q949.95

中国版本图书馆CIP数据核字（2022）第020253号

责任编辑：李　琰　甘九林　　文字编辑：翟　珂　陈小滔
责任校对：杜杏然　　装帧设计：关　飞

出版发行：化学工业出版社
（北京市东城区青年湖南街13号　邮政编码100011）
印　　装：北京缤索印刷有限公司
787mm×1092mm　1/16　印张19¼　字数456千字
2022年7月北京第1版第1次印刷

购书咨询：010-64518888　　售后服务：010-64518899
网　　址：http://www.cip.com.cn
凡购买本书，如有缺损质量问题，本社销售中心负责调换。

定　　价：188.00元

谨以此书纪念

黄冈师范学院致力大别山植物科学考察

三十余载！

前言

从“非典”到“新冠肺炎”，中医药在防疫抗疫中都发挥了积极而重大的作用，乃我国独特优势。《中医药发展战略规划纲要（2016—2030年）》和《中共中央国务院关于实施乡村振兴战略的意见》均把中医药发展上升为“国家战略”；《“健康中国2030”规划纲要》将中医药全面融入健康中国建设。随着“一带一路”的实施以及疫情后公众健康意识的提升，中医药大健康，未来可期！

大别山是长江中下游流域的重要生态屏障，蕴藏着丰富的植物资源，是目前华中地区保存较为完整的物种资源库，被《中国生物多样性优先区域范围（2015）》列为生物多样性优先保护区域。黄冈地处湖北东部，大别山南麓，《本草纲目》记载的1892种药材，超过1000种药材的原植物见诸黄冈境内，被誉为“大别山药用植物资源宝库”；同时，黄冈中医药文化历经1800多年，底蕴深厚，有“医药双圣”李时珍、“中华养生第一人”万密斋、“北宋医王”庞安时、“戒毒神医”杨际泰等名医；有《本草纲目》《万密斋医学全书》《伤寒总病论》《医学述要》等医学名著。

黄冈师范学院自20世纪80年代末以来，一直致力于湖北大别山野生动植物资源的科学考察研究，2005年完成了湖北大别山省级自然保护区科考、2017年完成了第二次全国重点保护野生植物调查湖北调查第八区（即黄冈市）调查，积累了大量野外植物原始资料，“其间草可药者极多”，为本书奠定了坚实基础。

中草药是我国文化的重要载体，也是发展大健康的重要战略资源。“养在深闺人未识”“空有宝山不自知”，探本溯源，把神秘、玄妙的中药材还原为“身边”的花草树木，价值斐然，尤其对李时珍生于斯、长于斯的大别山地区而言更显意义深远。为挖掘地方中医药大健康资源，传承李时珍中医药文化，促进大别山革命老区乡村振兴和大健康产业的高质量发展，黄冈师范学院于2019年11月正式揭牌成立李时珍大健康研究院。

长期以来，中药材“同名异物”“同物异名”现象严重，基原混淆、真伪难辨，导致对其化学成分和药理作用研究、制剂生产、临床疗效及推广使用等都有直接影响。同样，发掘和扩大中药资源，特别是本土道地药材资源，有利于缓解中药材资源日益匮乏的窘境，促进丰富和发展“乡村振兴药”“大健康药”，关系民生福祉。

近年来也一直思考，如何有效呈现大别山丰富的药用植物资源，方能惠及大众，或指导植物和药材识别，或指引日常健康护理，或启示新产品开发等，让身边的花草树木，物尽其用，用得其所。自2020年"新冠肺炎"疫情来袭，以武汉和黄冈为最，医药健康需求日盛，遂成此书。

全书共记载药用木本和木质藤本植物60科116属151种，介绍了植物种名、关键识别特征、释名解义、入药部位及性味功效、经方验方应用例证、中成药应用例证、现代临床应用，别样构思，自成体系，图文并茂，言简意赅，清晰直观，科学性、实用性、应用性与传统文化内涵有机融合，可供科研院所、高校、企业、地方机构部门等企事业单位有关人员和中医药、植物爱好者参考，也可作为相关专业实习实践用书。

感谢湖北省高等学校优秀中青年科技创新团队项目（T201820），经济林木种质改良与资源综合利用湖北省重点实验室、大别山特色资源开发湖北省协同创新中心联合开放基金（203201931703和202020604），农业资源与环境"十二五"湖北省重点学科，种质资源与特色农业"十四五"湖北省高等学校优势特色学科群，以及武汉天之逸科技有限公司的资助。同时感谢湖北科技学院蔡朝晖老师、信阳师范学院朱鑫鑫老师、武汉伊美净科技发展有限公司刘亮先生提供部分图片。

本草植物博大精深，鉴于学力和水平所限，疏漏及不足之处，在所难免，敬请批评指正。

著　者

2021年6月

植物（入药部位）目录

银杏

Ginkgo biloba L.

银杏科（Ginkgoaceae）银杏属落叶乔木。

叶扇形，有长柄，叶脉叉状平列，叶在长枝上螺旋状排列，互生，在短枝上簇生状。雌雄异株，少数同株，一般而言，雌株叶片浅裂，雄株叶片中央深裂至中部。球花生在短枝顶端的叶腋及苞腋。雄球花有梗，柔荑花序状；雌球花有长梗，顶端生2个或1个珠座。种子核果状。

银杏为我国特产，生于肥沃、排水良好的土壤。大别山各县市均有栽培。

白果始载于《绍兴本草》，原名银杏，云："银杏，以其色如银，形似小杏，故以名之。乃叶如鸭脚而又谓之鸭脚子。"白果者，亦当以其中种皮色白而得名。灵眼、佛指甲皆以果形美名之。佛指柑或为佛指甲之音讹。《花镜》："又名公孙树，言公种而孙始得食也。"

【入药部位及性味功效】

白果，又称鸭脚子、灵眼、佛指甲、佛指柑，为植物银杏的种子。秋季种子成熟时采收，除去肉质外种皮，洗净，稍蒸或略煮后，晒干，用时打碎取种仁。味甘、苦、涩，性平，有毒。归肺、肾经。敛肺定喘，止带缩尿。主治痰多喘咳，带下白浊，遗尿尿频，无名肿毒，癣疮。

银杏叶，又称白果叶，为植物银杏的叶。秋季采，除去杂质，洗净，晒干或鲜用。味苦、甘、涩，性平，小毒。归心、肺经。活血化瘀，敛肺平喘，通络止痛，化浊降脂。主治胸痹心痛，喘咳痰嗽，瘀血阻络，中风偏瘫，高脂血症。

白果根，又称银杏根，为植物银杏的根或根皮。味甘，性温。益气补虚。主治遗精，遗尿，夜频多，白带，石淋。

【经方验方应用例证】

参莲艾附汤：养心补气。主治气虚白带，久下不止，面色苍白，四肢清冷，心悸气短，小便频数，舌苔花白，脉沉微。(《中医妇科治疗学》)

腐皮银杏粥：敛肺定喘，收涩止带。适用于脾虚型、湿毒型带下。(《民间方》)

银杏散：清热利湿，解毒止痒。治妇人湿热下注，阴中作痒，内外生疮。(《外科正宗》)

易黄汤：固肾止带，清热祛湿。主治妇人任脉不足，湿热侵注，致患黄带，宛如黄茶浓汁，其气腥秽者。(《傅青主女科》)

定喘汤：宣肺降气，清热化痰。主治风寒外束，痰热壅肺，哮喘咳嗽，痰稠色黄，胸闷气喘，喉中有哮鸣声，或有恶寒发热，舌苔薄黄，脉滑数。(《摄生众妙方》)

白果功肉粥：补肝肾，止带浊。适用于下元虚惫、赤白带下。(《濒湖集简方》)

【中成药应用例证】

唐草片：益气养阴，活血解毒。用于病毒性心肌炎病程超过一个月的急性期轻型和恢复期、迁延期轻中型属气阴两虚兼有瘀热证；用于艾滋病毒感染者以及艾滋病患者，可改善乏力、脱发、食欲减退和腹泻等症状。

心脑宁胶囊：活血行气，通络止痛。用于气滞血瘀的胸痹、头痛、眩晕，症见胸闷刺痛，心悸不宁，头晕目眩等；冠心病、脑动脉硬化见上述症状者亦可应用。

脂欣康颗粒：清热祛痰。用于痰热内阻引起的高脂血症。

脑脉泰胶囊：益气活血，熄风豁痰。用于缺血性中风（脑梗死）恢复期中经络属于气虚血瘀证，以及风痰瘀血闭阻脉络证者，症见半身不遂，口舌歪斜，言语蹇涩或不语，头晕目眩，半身麻木，气短乏力，口角流涎等。

金银三七胶囊：理气活血，祛瘀止痛。用于瘀血闭阻所致胸痹，症见胸闷，胸痛，心悸等；冠心病，心绞痛属上述证候者亦可应用。

银丹心脑通软胶囊：活血化瘀、行气止痛、消食化滞。用于气滞血瘀引起的胸痹，症见胸痛、胸闷、气短、心悸等；冠心病、心绞痛、高脂血症、脑动脉硬化、中风、中风后遗症见上述症状者亦可应用。

八味芪龙颗粒：补气活血，通经活络。用于中风病中经络（轻中度脑梗塞）恢复期气虚血瘀证，症见半身不遂、言语謇涩、面色㿠白、气短乏力、舌质暗淡，或有瘀斑瘀点，或有齿痕，苔白或白腻，脉沉细或细涩等。

复方银杏通脉口服液：滋阴补肾，舒肝通脉。用于中老年人轻度脑动脉硬化所致的头晕头痛，耳鸣耳聋，视物模糊，记忆力减退，腰膝酸软，肢体麻木等证属肝肾阴虚者。

银杏叶软胶囊：活血化瘀通络。用于瘀血阻络引起的胸痹，中风，半身不遂，舌强语蹇；冠心病稳定型心绞痛，脑梗塞见上述症状者亦可应用。

银杏酮酯分散片：活血化瘀，通脉舒络。用于血瘀引起的胸痹、眩晕。症见有胸闷胸痛；心悸乏力，头痛耳鸣，失眠健忘等。

马尾松

Pinus massoniana Lamb.

松科（Pinaceae）松属常绿乔木。

树冠宽塔形或伞形。枝条每年生长一轮。针叶2针一束，稀3针一束，细柔、微扭曲。雄球花淡红褐色，雌球花单生淡紫红色。球果有短梗，卵圆形或圆锥状卵圆形。花期在4～5月，球果次年10～12月成熟。

马尾松为长江流域以南重要的荒山造林树种。大别山海拔500米以下次生林或者山地均有栽培。

松花始载于《新修本草》，谓："松花名松黄，拂取似蒲黄正尔。"

【入药部位及性味功效】

松笔头，又称松树蕊、松尖、松树梢，为植物马尾松、云南松、思茅松等的嫩枝尖端。味苦、涩，性凉。归肾经。祛风利湿，活血消肿，清热解毒。主治风湿痹痛，淋证，尿浊，跌打损伤，乳痈，动物咬伤，夜盲症。

松花，又称松黄、松粉、松花粉，为植物马尾松、油松、赤松、黑松等的花粉。春季开花期间采收雄花穗，晾干，搓下花粉，过筛，收取细粉，再晒。味甘，性温。归肝、胃经。祛风，益气，收湿，止血。主治头痛眩晕，泄泻下痢，湿疹湿疮，创伤出血。

松节，又称黄松木节、油松节、松郎头，为植物马尾松、油松、赤松、云南松等枝干的结节。多于采伐时或木器厂加工时锯取之，经过选择修整，晒干或阴干。味苦，性温。归肝、肾经。祛风燥湿，舒筋通络，活血止痛。主治风寒湿痹，历节风痛，脚痹痿软，跌打伤痛。

松木皮，又称赤松皮、赤龙鳞、松皮、松树皮、赤龙皮，为植物马尾松、思茅松或同属植物的树皮。全年均可采剥，洗净，节段，晒干。味苦，性温。归肺、大肠经。祛风除湿，活血止血，敛疮生肌。主治风湿骨痛，跌打损伤，金刃伤，肠风下血，久痢，湿疹，烧烫伤，痈疽久不收口。

松球，又称松实、松元、松果、小松球、松塔，为植物马尾松、油松、云南松的球果。春末夏初采集，鲜用或干燥备用。味甘、苦，性温。归肺、大肠经。祛风除痹，化痰止咳平喘，利尿，通便。主治风寒湿痹，白癜风，慢性气管炎，淋浊，便秘，痔疮。

油松节，又称松节油，为植物马尾松、油松的瘤状结或分枝节。全年均可采收，锯取后晾干。味苦、辛，性温。入肝、肾经。祛风除湿，通络止痛。用于风寒湿痹，跌打损伤疼痛，风湿性关节疼痛，屈伸不利。

松根，为植物马尾松的新鲜或干燥幼根。全年均可采挖，洗净泥沙，鲜用或劈碎干燥。味苦，性温。归肺、胃经。祛风除湿，活血止血。用于风湿痹痛，风疹瘙痒，赤白带下，风寒咳嗽，跌打吐血，风虫牙痛。

松叶，又称猪鬃松叶、松毛、山松须、松针，为植物马尾松的鲜叶或干燥叶。全年可采，除去杂质，鲜用或晒干。味苦，性温。归心、脾经。祛风燥湿，杀虫止痒，活血安神。用于风湿痹痛，脚气，湿疮，癣，风疹瘙痒，跌打损伤，头风头痛，神经衰弱，慢性肾炎，还可预防乙脑、流感。

松香，又称松脂、松膏、松肪、松胶香、沥青、白松香、松胶、黄香、松脂香，为植物马尾松及其同属若干种植物树干中取得的油树脂，经蒸馏除走挥发油后的遗留物。味苦、甘，性温。归肝、脾经。燥湿祛风，生肌止痛，排脓拔毒。用于风湿痹痛，痈疽，疥癣，湿疮，金疮出血。

【经方验方应用例证】

除湿酒：除湿通经。主治风寒湿痹。（《中医正骨经验概述》）

化坚油：活血化瘀，通络软坚。主治烫烧伤后大面积增生性瘢痕，红斑落屑角化性皮肤病。（《赵炳南临床经验集》）

大安汤：主治风邪伤人，寒热时作，头痛烦躁，周身疼痛，颈项拘急。（《圣济总录》）

风痹瘫痪药酒：主治半身不遂，手足麻木，瘫痪。(《良方集腋》)

甘石散：主治足跟溃疡。(《中医皮肤病学简编》)

降真龙骨散：主治打扑骨折。(《医统》)

虎骨木瓜酒：活血祛风。主治气血不和，风寒湿痹，关节酸痛，手足拘挛。(《中药成方配本》)

生发膏：祛风生发。主治头中风痒，白屑。外用泽发。(《普济方》)

拔疔散：消肿止痛。主治疔毒，或已走黄者。(《良方集腋》)

【中成药应用例证】

二十五味阿魏胶囊：祛风镇静。用于五脏六腑的隆病，肌肤、筋腱、骨头的隆病，维命隆等内外一切隆病。

伤复欣喷雾剂：清热泻火，化腐生肌。用于热毒灼肤证之浅Ⅱ度烧烫伤（面积在10%以下)。

冰栀伤痛气雾剂：清热解毒凉血，活血化瘀止痛。用于跌打损伤，瘀血肿痛，亦可用于浅Ⅱ度烧伤。

哮喘金丹：定喘，镇咳。用于年久咳嗽，年久痰喘。

降脂减肥胶囊：滋补肝肾，养益精血，扶正固本，通络定痛，健脾豁痰，明目生津，润肠通便。用于各型高脂血症，心脑血管硬化，单纯性肥胖，习惯性便秘，痔疮出血。

天麻追风膏：追风去湿，活血通络，散寒止痛。用于风寒湿痹，风湿麻木。

治伤软膏：散瘀、消肿、止痛。用于跌打损伤局部肿痛。

雪上花搽剂：活血化瘀，消肿止痛，舒筋活络。用于急、慢闭合性软组织损伤所致的血瘀证，症见局部肿胀、疼痛、功能障碍。

化核膏药：软坚散结，化痰消肿。用于寒痰凝结，瘰疬结核。

金钱松

Pseudolarix amabilis (J. Nelson) Rehder

松科（Pinaceae）金钱松属高大落叶乔木。

树皮灰褐或灰色，裂成不规则鳞状块片；枝有长枝和短枝。叶在长枝上螺旋状排列，散生，在短枝上簇生状，辐射平展呈圆盘形。雄球花簇生于短枝顶端；雌球花单生短枝顶端，直立。球果当年成熟。种子卵圆形，种翅连同种子与种鳞近等长。花期4月，球果10月成熟。

英山、武穴有分布，生于海拔100～1500米的针阔混交林中。

土荆皮功能与木槿皮相似，但种类不同，故名土槿皮。叶至秋后变黄，金光闪闪，“金钱松”之名，当由于此。

【入药部位及性味功效】

金钱松叶，又称金钱松枝叶，为植物金钱松的枝叶。四季均可采，随采随用。味苦，性微温。祛风，利湿，止痒。主治风湿痹痛，湿疹瘙痒。捣敷或水洗。

土荆皮，又称罗汉松皮、土槿皮、荆树皮、金钱松皮，为植物金钱松的根皮或近根处茎皮。春秋两季采挖，剥取根皮，除去外粗皮，洗净，晒干。味辛，性温，有毒。入肺、脾经。杀虫，疗癣，止痒。主治疥癣瘙痒，湿疹，神经性皮炎。浸酒或醋涂擦，或研末调敷。

【经方验方应用例证】

治湿疹作痒：金钱松叶煎浓汁，温洗患处。或土荆皮，煎浓汁，温洗患处。(《安徽中草药》)

神效癣药：杀虫止痒。治顽癣。烧酒浸透。每日搽敷七八次。(《饲鹤亭集方》)

土荆皮散：治一切风湿癣癞痒风。烧酒浸搽。(《青囊立效秘方》)

【中成药应用例证】

复方土荆皮酊：抑制表皮霉菌及止痒。用于手癣，脚癣，体癣等。

复方清带散：清热除湿，杀虫止痒。

止痒酊：燥湿杀虫，祛风止痒。用于蚊虫叮咬瘙痒，足癣趾间瘙痒，局限性神经性皮炎等。

洁尔阴泡腾片、洁尔阴洗液：清热燥湿，杀虫止痒。

洁身洗液：清热解毒，燥湿杀虫。适用于湿热蕴结所致湿疹、阴痒带下。

清肤止痒酊：凉血解毒，祛风止痒。用于血热风燥所致的银屑病，以及癣病皮肤瘙痒。

甘霖洗剂：清热除湿，祛风止痒。用于风湿热蕴肌肤所致皮肤瘙痒和下焦湿热导致的外阴瘙痒。

杉木

Cunninghamia lanceolata (Lamb.) Hook

杉科（Taxodiaceae）杉属常绿乔木。

叶在主枝上辐射伸展，披针形或条状披针形，革质。球果卵圆形；苞鳞先端有坚硬的刺状尖头；种鳞很小，先端三裂。花期4月，球果10月下旬成熟。

为我国长江流域、秦岭以南地区栽培最广、生长快、经济价值高的用材树种。大别山海拔800米以下山区分布较广。

杉材始载于《名医别录》。杉从“彡”声。杉叶纤细而平行，若羽状，以“彡”名之，取义于象形。檠者擎也，因其树冠高而得名。

【入药部位及性味功效】

杉材，又称杉材木，为植物杉木的心材及树枝。四季均可采，鲜用或晒干。味辛，性微温。归肺、脾、胃经。辟恶除秽，除湿散毒，降逆气，活血止痛。主治脚气肿满，奔豚，霍乱，心腹胀痛，风湿毒疮，跌打肿痛，创伤出血，烧烫伤。

杉木根，又称杉树根、杉根皮、泡杉根、杉根树皮，为植物杉木的根和根皮，全年均可采收，晒干或鲜用。味辛，性微温。祛风利湿，行气止痛，理伤接骨。主治风湿痹痛，胃痛，疝气痛，淋病，白带，血瘀崩漏，痔疮，骨折，脱臼，刀伤。

杉木节，又称杉节，为植物杉木枝干上的结节，全年均可采收，鲜用或晒干。味辛，性微温。祛风止痛，散湿毒。主治风湿骨节疼痛，胃痛，脚气肿痛，带下，跌打损伤，臁疮。

杉木油，又称杉树油、杉木脂、杉树脂，为植物杉木的木材所沥出的油脂。全年可采制，取碗，先用绳把碗口扎成“十”字形，后于碗口处盖以卫生纸，上放杉木锯末堆成塔状，从尖端点火燃烧杉木，待烧至接近卫生纸时，除去灰烬和残余锯末，碗中液体即为杉木油。味苦、辛，微温。利尿排石，消肿杀虫。主治淋证，尿络结石，遗精，带下，顽癣，疔疮。

杉子，又称杉树子，为植物杉木的种子。7～8月采摘球果，晒干后收集种子。味辛，微温。理气散寒，止痛。主治疝气疼痛。

杉皮，又称杉木皮，为植物杉木的树皮。全年可采剥，鲜用或晒干。味辛，性微温。利湿，消肿解毒。主治水肿，脚气，漆疮，流火，烫伤，金疮出血，毒虫咬伤。

杉叶，为植物杉木的叶。全年均可采收，鲜用或晒干。味辛，性微温。祛风，化痰，活血，解毒。主治半身不遂初起，风疹，咳嗽，牙痛，天疱疮，脓疱疮，鹅掌风，跌打损伤，毒虫咬伤。

杉塔，又称杉果、杉树果，为植物杉木的球果。7～8月采摘，晒干。味辛，性微温。温肾壮阳，杀虫解毒，宁心，止咳。主治遗精，阳痿，白癜风，乳痈，心悸，咳嗽。

【经方验方应用例证】

草乌散：主治跌损腰痛。(《跌损妙方》)

吹喉散：用于口内一切杂症。瓷瓶收贮，勿使泄气。吹患处。(《焦氏喉科枕秘》)

大生地酒：清虚热，祛风，活血，消肿。主治足胫虚肿，烦热疼痛，行步困难。每顿饭前，将酒温热随量服用。(《太平圣惠方》)

二神散：主治肾囊风。用清油调搽。(《外科真诠》)

隔壁膏：主治臁疮。用多年老杉木节烧灰，真清油调，箬叶盛。隔贴在疮上，以绢帛系定。(《得效》)

黑豆生姜汤：用于脚气冲心，烦闷气喘，坐卧不得。(《圣惠》《普济方》)

臁疮阡张膏：用于臁疮远近烂见骨者。贴3日，翻1面，7日痊愈，无论远近烂见骨者，半月收功。(《外科方外奇方》)

封口药：治刀斧伤，割喉断耳缺唇，伤破肚皮，跌破阴囊皮碎。(《准绳·疡医》)

黑膏药：治杖疮及诸疮。(《准绳·疡医》)

治风疹：取杉叶水煎，洗患处。(《广西民族药简编》)

治脓疱疮，天胞疮，毒虫咬伤，风疹：鲜杉叶捣烂敷患处。(《江西草药》《安徽中草药》《广西民族药简编》)

治阳痿：杉果适量，水煎冲酒服。(《广西民族药简编》)

【中成药应用例证】

珍衫理胃片：调中和胃，行气活血，解毒生肌。用于寒热夹杂、气血阻滞所致的胃脘疼痛、嗳气反酸、腹胀、大便时溏时硬等；十二指肠溃疡见上述证候者亦可应用。

侧柏

Platycladus orientalis (L.) Franco

柏科（Cupressaceae）侧柏属常绿乔木。

叶鳞形，二型，交叉对生。球果成熟前蓝绿色，被白粉，成熟后红褐色、木质、开裂；种鳞4对，木质，厚，近扁平，背部顶端的下方有一弯曲的钩状尖头。花期3～4月，球果10月成熟。

大别山各县市常栽培作庭园树。

始载于《神农本草经》，名柏实，列为上品。《名医别录》“柏实”条云：“生太山山谷，柏叶尤良。”《本草纲目》云：“柏有数种，入药唯取叶扁而侧生者，故曰侧柏。”

【入药部位及性味功效】

侧柏叶，又称柏叶、扁柏叶、丛柏叶，为植物侧柏的枝梢和叶。全年可采，以夏、秋二季采收者为佳。剪下大枝，干燥后取其小枝叶，扎成小把，置通风处风干，不宜暴晒。味苦、涩，性寒。归肺、肝、脾经。凉血止血，化痰止咳，生发乌发。主治吐血，衄血，咯血，便血，崩漏下血，肺热咳嗽，血热脱发，须发早白。

柏子仁，又称柏实、柏子、柏仁、侧柏子，为植物侧柏的种仁。秋、冬二季采收成熟种

子，晒干，除去种皮，收集种仁。味甘，性平。归心、肾、大肠经。养心安神，润肠通便，止汗。用于阴血不足，虚烦失眠，心悸怔忡，失眠健忘，肠燥便秘，阴虚盗汗。

柏根白皮，又称柏皮、柏白皮，为植物侧柏已去掉栓皮的根皮。冬季采挖，洗净，趁新鲜时刮去栓皮，纵向剖开，以木槌轻击，使皮部与木心分离，剥取白皮，晒干。味苦，性平。凉血，解毒，敛疮，生发。主治烫伤，灸疮，疮疡溃烂，毛发脱落。

柏枝节，为植物侧柏的枝条。全年均可采收，以夏、秋季采收者为佳。剪取树枝，置通风处风干用。味苦、辛，性温。祛风除温，解毒疗疮。主治风寒温痹，历节风，霍乱转筋，牙齿肿痛，恶疮，疥癞。

柏脂，又称柏油，为植物侧柏树干或树枝经燃烧后分泌的树脂。味甘，性平。除温清热，解毒杀虫。主治疥癣，癞疮，秃疮，黄水疮，丹毒，赘疣。

【经方验方应用例证】

槐花散：清肠止血，疏风行气。主治风热湿毒，壅遏肠道，损伤血络证。(《普济本事方》)

宁血汤：清火，凉血，止血。主治内眼出血初期，仍有出血倾向，属血热妄行者。(《中医眼科学》)

双柏膏：活血祛瘀，消肿止痛。主治骨折，跌打损伤及疮疡初起，局部红肿热痛而无溃疡。(《黄耀燊经验方》)

八宝治红丹：清热，化瘀，止血。主治吐血，咯血，衄血，唾血，痰中带血，胸中积血，两肋刺疼，阴虚咳嗽。[《全国中药成药处方集》(天津方)]

白芷散：主治妇人月事不通。(《圣济总录》)

百补增力丸：健胃消导，益气养血。主治身体虚弱，过劳咯血，精神疲倦，食欲不振。[《全国中药成药处方集》(北京方)]

柏连散：由侧柏叶（焙干为末）、黄连（为末）组成，主治蛊痢，大便下黑血如茶脚色，或脓血如靛色者。(《奇效良方》)

柏叶浸剂：清泄肺热，凉血解毒。主治热邪伤肺，皮毛憔悴。鲜侧柏叶32克，放入75%酒精100毫升中浸泡，7天后方可使用。用棉球蘸药液少许，涂搽患处。(丰明德方)

柏叶蜜：清热泻火。适用于小儿百日咳。每日取新鲜侧柏叶500克，放入搪瓷杯内，加水约2000克，煎取1000克，去渣，然后加入蜂蜜100克，和匀即可。1岁以内每次10～15克，1～3岁15～30克，4岁以上30克。(《中华儿科》)

柏叶乳：治淋病。人乳200毫升，侧柏叶捣取汁，二味和匀，空腹时热服。(《经验广集》)

柏叶丸：能生眉发。主治大麻风，眉发脱落。侧柏叶（9蒸9晒），炼蜜为丸，每服100丸，1日3次，开水送下。（《秘传大麻风方》）

柏叶洗方：侧柏叶4两，苏叶4两，蒺藜秧8两，装纱布袋内，用水5～6斤，煮沸30分钟，去滓浸洗。主治清热、润肤、止痒。主治牛皮癣（白疕风），鱼鳞癣（蛇皮癣）及其他皮肤干燥脱屑类皮肤病。（《赵炳南临床经验集》）

驳骨散：散瘀、消肿、止痛、接骨。主治骨折伤。（《中医伤科学讲义》）

侧柏地榆汤：主治赤白带下，以致不能成孕。（《济阴纲目》）

侧柏酊：鲜侧柏枝叶（包括新鲜种子，切碎）35克，75%酒精100毫升，主治斑秃。（《中医皮肤病学简编》）

侧柏叶汤：主治诸痔。黄连1两，黄芩1两，荆芥1两，蛇床子1两，镜面草、蚵蚾草、槐条各1握，侧柏叶4两，上用新汲水煎，倾盆内，乘热先熏后洗。（《奇效良方》《医统》）

慈航膏：主治烫火伤。侧柏叶125克，大黄31克，当归31克，地榆31克，血余炭46克，露蜂房10克，黄蜡93克，香油500毫升。（《中医皮肤病学简编》）

断红肠澼丸：清热、除湿、止血。主治痔疮漏疮，肛门肿痛，大便出血。[《全国中药成药处方集》（天津方）]

二仙丸：主治头发脱落。侧柏叶200克（焙干），当归（全身）120克，上药忌铁器，为末，水糊为丸，如梧桐子大。（《古今医鉴》）

妇女乌发丹：侧柏叶1握，核桃1个，榧子3个，上药捣烂，用滚水泡。待凉搽发，频年不断。（《中医书籍：文堂集验方文堂集验方》）

附桂紫金膏：暖腰固本，补气散寒。主治男妇老少诸虚百损，腰酸腿软，胸腹冷痛。（《北京市中药成方选集》）

黑末子：主治打扑伤损，折骨碎筋，瘀血肿痛，瘫痪顽痹，四肢酸疼，一切痛风。（《准绳·疡医》）

解酒仙丹：主治解酒。（《寿世保元》）

凉血生地饮：凉血散瘀。治妇人血热夹瘀，月经过多，色红有块，其气腥臭，腹有痛感，舌绛苔黄，脉弦数。生地黄18克，丹参12克，侧柏、黄芩各9克，阿胶6克，甘草3克，槐花9克，百草霜6克。水煎服。如经量不多，而持续时间延长，并有腹痛者，加三七1.5克。（《中医妇科治疗学》）

柏仁散：主治小儿囟开不合。（《千金方》）

柏子养心丸：养心安神，滋阴补肾。主治阴血亏虚，心肾失调之证。（《体仁汇编》）

柏脂膏：治干湿癣。（《卫生宝鉴》）

大茯苓丸：轻身不老，明耳目，强力。（《圣济总录》）

【中成药应用例证】

安眠补脑口服液：益气滋肾，养心安神，养阴。用于神经官能症或其他慢性疾病所引起的失眠、多梦、健忘、头昏、头痛、心慌等症。

九华痔疮栓：消肿化瘀，生肌止血，清热止痛。用于各种类型的痔疮、肛裂等肛门疾患。

复方热敷散：祛风散寒，温筋通脉，活血化瘀，活络消肿；消炎，止痛。用于骨关节、韧带等软组织的挫伤、损伤和扭伤，骨退行性病变引起的疼痛、水肿和炎症，如关节炎、颈椎病、肩周炎、腰肌劳损、坐骨神经痛等，也可用于胃寒腹痛、妇女痛经及高寒、地下作业者的劳动保护。

润伊容口服液：祛风清热，解毒消痤。用于风热上逆所致的痤疮。

犀角地黄丸：清肝肺热，凉血止咳。用于肺胃积热，肺经火旺引起的咳嗽吐血，鼻孔衄血，咽干口渴，烦躁心跳，肠热便血，大便秘结。

湿疹散：清热解毒，祛风止痒，收湿敛疮。用于急、慢性湿疹，脓疱疮等，对下肢溃疡等皮肤病亦具有一定效。

烧伤止痛药膏：清热解毒，消肿止痛。用于热毒灼肤之Ⅰ～Ⅱ度烧烫伤。

生发丸：填精补血，补肝滋肾，乌须黑发。用于肝肾不足、精血气衰所致须发早白，头发稀疏、干枯，斑秃脱发。

益肾强身丸：益肾填精、补气养血。用于肾精不足，气血两虚，胸闷气短，失眠健忘，腰酸腿软，全身乏力，脑力减退，须发早白。

葆宫止血颗粒：固经止血，滋阴清热。用于冲任不固、阴虚血热所致月经过多、经期延长，症见月经量多或经期延长，经色深红、质稠，或有小血块，腰膝酸软，咽干口燥，潮热心烦，舌红少津，苔少或无苔，脉细数；功能性子宫出血及上环后子宫出血见上述证候者亦可应用。

蕲蛇风湿酒：祛风除湿，通经活络。用于风湿痹痛，骨节疼痛，四肢麻木，屈伸不利，腰膝酸软，风湿性关节炎，腰肌劳损，跌打损伤后期。

跌打万花油：止血止痛，消炎生肌，消肿散瘀，舒筋活络。用于治疗跌打损伤，撞击扭伤，刀伤出血，烫伤等症。

小儿治哮灵片：止哮、平喘、镇咳、化痰、强肺、脱敏。用于小儿哮、咳、喘等症，如支气管哮喘，哮喘性支气管炎。

三尖杉

Cephalotaxus fortunei Hooker

三尖杉科（Cephalotaxaceae）三尖杉属常绿乔木。

树皮暗棕色，裂成片状脱落。树冠广圆形；叶披针状条形，通常微弯，下面气孔带被白粉。雄球花8～10个聚生成头状，直径约1厘米，有明显总梗。花期4月，种子8～10月成熟。

大别山各县市广布，常生于阔叶树、针叶树混交林中。

因其种子与榧子相似，成熟时外种皮呈紫色或红紫色如血，故名血榧。

【入药部位及性味功效】

三尖杉，为植物三尖杉的枝叶。全年或夏、秋季采收，晒干。味苦、涩，性寒，有毒。抗癌。主治恶性淋巴瘤，白血病，肺癌，胃癌，食道癌，直肠癌等。

三尖杉根，为植物三尖杉的根。全年均可采挖，去净泥土，晒干。味苦、涩，性平。抗癌，活血，止痛。主治直肠癌，跌打损伤。

血榧，又称榧子，为植物三尖杉的种子。秋季种子成熟时采收，晒干。味甘、涩，性平。归肺、大肠经。驱虫消积，润肺止咳。主治食积腹胀，小儿疳积，虫积，肺燥咳嗽。

【经方验方应用例证】

治直肠癌：三尖杉根60克，水煎服。(《福建药物志》)

治打伤：三尖杉根10～15克，水煎服。(《湖南药物志》)

治食积：三尖杉种子7颗，研粉用开水吞服，每日1次，连服7天。(《湖南药物志》)

【现代临床应用】

治疗恶性淋巴瘤、白血病、妇癌（对恶性葡萄胎疗效较好）、乳腺癌、真性红细胞增多症。

粗榧

Cephalotaxus sinensis (Rehder & E. H. Wilson) H. L. Li

三尖杉科（Cephalotaxaceae）三尖杉属灌木或小乔木。

叶较窄，边缘不向下反曲，先端渐尖或微急尖。种鳞灰绿色，卵形，先端骤尖。花期3月，种子6～7月成熟。

英山、罗田、麻城均有分布，生于海拔200米以上的山地。

植物形态及果实均与榧子相似，但木理较榧子粗糙，故名粗榧。其种子亦有代榧子食用，而称土香榧。

【入药部位及性味功效】

粗榧根，为植物粗榧的根或树皮。全年可采，洗净，刮去粗皮，切片，晒干。味淡、涩，性平。祛风除湿。主治风湿痹痛。

粗榧枝叶，为植物粗榧的枝叶。全年或夏、秋季采收，晒干。味苦、涩，性寒。抗癌。主治白血病，恶性淋巴瘤。

【现代临床应用】

用于治疗白血病和真性红细胞增多症。

化香树

Platycarya strobilacea Sieb. et Zucc.

胡桃科（Juglandaceae）化香树属落叶小乔木。

叶互生，奇数羽状复叶。雄花序及两性花序常形成顶生而直立的伞房状花序束；生于中央顶端的1条为两性花序，下方周围为雄花序，两性花序下部为雌花序，上部为雄花序。果序球果状，直立，苞片宿存，木质而具弹性，密集覆瓦状排列；果实小于苞片，小坚果状，背腹压扁状，两侧具狭翅。花期5～6月，果期7～8月。

生于海拔400米以上的向阳山坡及杂木林中。

化香树始载于《植物名实图考》，云："化香树，湖南处处有之。高丈于，叶微似椿，有圆齿，如橡叶而薄柔。结实如松毬刺，扁亦薄。子在刺中，似蜀葵子。破气毬，香气芬烈，上人取其实以染黑色。"

【入药部位及性味功效】

化香树果，又称化香树球、化香果，为植物化香树的果实。秋季果实近成熟时采收，晒干。味辛，性温。活血行气，止痛，杀虫止痒。主治内伤胸胀，腹痛，跌打损伤，筋骨疼痛，痈肿，湿疮，疥癣。

化香树叶，又称山柳叶、小化香叶，为植物化香树、圆果化香树的叶。夏、秋季采收，鲜用或晒干。味辛，性温，有毒。解毒疗疮，杀虫止痒。主治疮痈肿毒，骨痈流脓，顽癣，阴囊湿疹，癞头疮。熏烟可以驱蚊。

【经方验方应用例证】

治牙疼：果数枚，水煎含服。(江西《草药手册》)

治痈疽疔毒类急性炎症：化香树叶、雷公藤叶、芹菜叶、大蒜各等分，均用鲜品。捣烂外敷。疮疡溃后不可使用。(《常用中草药配方》)

治脚生湿疮：果和盐研末搽。(《湖南药物志》)

治癣疥：果煎水洗。(《湖南药物志》)

【中成药应用例证】

香菊颗粒：辛散祛风，清热通窍。用于治疗急慢性鼻窦炎、鼻炎等。

枫杨

Pterocarya stenoptera C. DC

胡桃科（Juglandaceae）枫杨属落叶乔木。

叶互生，常集生于小枝顶端；偶数羽状复叶。柔荑花序单性；雄花序单生于小枝上端的叶丛下方；雌花序单独生于小枝顶端，开花时俯垂，果实下垂。果为坚果，果翅狭，线形，向斜上方伸展成一夹角。花期4～5月，果期8～9月。

生于海拔1500米以下沿溪涧河滩、阴湿山坡地旁林中。

枫柳皮始载于《新修本草》。枫杨果实具翅，犹槭枫之果有翅，而称为“枫”。杨、柳人常并称，呼杨为柳，或呼柳为杨，故枫杨又称枫柳。又名麻柳者，或因其枝条下垂如柳，而其韧皮可以代麻之用而名。

【入药部位及性味功效】

枫柳皮，又称枫杨皮，为植物枫杨的树皮。夏、秋季剥取树皮，鲜用或晒干。味辛、苦，性温，小毒。归肝、大肠经。祛风止痛，杀虫，敛疮。主治风湿麻木，寒湿骨痛，头颅伤痛，齿痛，疥癣，浮肿，痔疮，烫伤，溃疡日久不敛。

麻柳果，又称一群鸭、雁鹅群，为植物枫杨的果实。夏季果实近成熟时采收，鲜用或晒干。味苦，性温。归肺经。温肺止咳，解毒敛疮。主治风寒咳嗽，疮疡肿毒，天疱疮。

麻柳树根，又称枫杨根，为植物枫杨的根或根皮。全年均可采挖或结合伐木采挖，将根除去泥土，洗净，晒干，或趁鲜时剥取根皮，晒干。味苦、辛，性热，有毒。归肺、肝经。祛风止痛，杀虫止痒，解毒敛疮。主治风湿痹痛，牙痛，疥癣，疮疡肿毒，溃疡日久不敛，水火烫伤，咳嗽。

麻柳叶，又称枫杨叶、柳树叶，为植物枫杨的叶。春、夏、秋季均可采收，除去杂质，鲜用或晒干。味辛、苦，性温，有毒。归肺、肝经。祛风止痛，杀虫止痒，解毒敛疮。主治风湿痹痛，牙痛，膝关节痛，疥癣，湿疹，阴道滴虫，烫伤，创伤，溃疡不敛，血吸虫病，咳嗽气喘。

【经方验方应用例证】

治牙痛：麻柳皮或叶捣绒，塞患处或噙用。(《四川中药志》1960年)

治风湿麻木，寒湿脚痛：麻柳树须根泡酒服。(《重庆草药》)

治皮肤癣：鲜麻柳叶60克，切碎，乙醇500克。将麻柳叶投入乙醇中浸1个星期后取用。用时，取一些棉花蘸液擦患处，每日1～2次，或取叶煎水洗。(《闽南民间草药》)

治脚趾湿疹：枫杨叶捣烂，搽患处。(《湖南药物志》)

治阴道滴虫：鲜枫杨叶、蛇床子各适量，水煎浓汁熏洗。(《安徽中草药》)

青钱柳

Cyclocarya paliurus (Batal.) Iljinsk.

胡桃科（Juglandaceae）青钱柳属落叶乔木。

奇数羽状复叶，小叶纸质，长椭圆状卵形至阔披针形；叶缘具锐锯齿。雌雄花序均柔荑状；雄花序3条或稀2～4条成束生于花序总梗；雌花序单独顶生。果穗细长，下垂；果实扁球形，由1水平向的圆形或近圆形的果翅所围绕，具短柄，密被短柔毛，顶端具4枚宿存的花被片。花期5月，果期7～9月。

罗田、英山、麻城均有分布。散生于山地湿润的森林中。罗田天堂寨、薄刀峰有野生群落分布。

《全国中草药名鉴》记载：中医临床用于治疗糖尿病，因其有药理作用能明显降低血糖、减脂肪和尿糖。青钱柳乃冰川四纪幸存下来的珍稀树种，仅存于中国，被誉为植物界的大熊猫，医学界的第三棵树。继心脑血管、癌症、肿瘤之后，高血糖现已成为人类的第二大杀手，这时人们发现了青钱柳，并将其芽叶炮制成青钱柳茶，被誉为“天然胰岛素”。

【入药部位及性味功效】

青钱柳叶，为植物青钱柳的叶。春、夏季采收，洗净，鲜用或干燥。味辛、微苦，性平。生津止渴，清热平肝，祛风止痒，消肿，止痛。主治消渴，眩晕，目赤肿痛，皮肤癣疾及便秘。叶6～15g，研末调敷或适量鲜叶捣烂取汁涂搽。

胡桃

Juglans regia L.

胡桃科（Juglandaceae）胡桃属落叶乔木。

树冠广阔；皮幼时灰绿，老则灰白而纵向浅裂。奇数羽状复叶，小叶常5～9枚，椭圆状卵形至长椭圆形。果序短，俯垂，具1～3果实；果核具2条纵棱，顶端具短尖头。花期4～5月，果期9～10月。

原产欧洲东南部及亚洲西部，大别山有栽培。生于山坡及丘陵地带。

胡桃为汉代张骞出使西域带回的植物之一，其入药始于唐代，在《千金·食治》《食疗本草》均有记载。《本草纲目》曰："此果外有青皮肉包之，其形如桃，胡桃乃其核也。羌音呼核为胡，名或于此。"按：胡为中国古代对北方和西方各民族的泛称。其来自西域，其形似桃，故名胡桃。

【入药部位及性味功效】

胡桃仁，又称虾蟆、胡桃穰、胡桃肉、核桃仁，为植物胡桃的种仁。9～10月中旬，待外果皮变黄、大部分果实顶部已开裂或少数已脱落时，打落果实。核果用水洗净，倒入漂白粉中，待变黄白色时捞起，冲洗，晒干，用40～50℃烘干，将核桃的合缝线与地面平行放置，击开核壳，取出核仁，晒干。味甘、涩，性温。归肾、肝、肺经。补肾固精，温肺定喘，润肠通便。主治腰痛脚弱，尿频，遗尿，阳痿，遗精，久咳喘促，肠燥便秘，石淋及疮疡瘰疬。

青胡桃果，为植物胡桃未成熟的果实。夏季采收未成熟的果实，洗净，鲜用或晒干。味苦、涩，性平。止痛，乌须发。主治胃脘疼痛，须发早白。

分心木，又称胡桃衣、胡桃夹、胡桃隔、核桃隔，为植物胡桃果核的干燥木质隔膜。秋、冬季果实成熟时采收，击开核壳，采取核仁时，收集果核内的木质隔膜，晒干。味苦、涩，性平。归脾、肾经。涩精缩尿，止血止带，止泻利。主治肾虚遗精，滑精，尿频遗尿，尿血，带下，泻痢，痢疾。

胡桃壳，为植物胡桃成熟果实的内果皮。采收胡桃仁时，收集核壳（木质内果皮），除去杂质，晒干。味苦、涩，性平。止血，止痢，散结消痈，杀虫止痒。主治妇女崩漏，痛经，久痢，疟母，乳痈，疥癣，鹅掌风。

胡桃叶，为植物胡桃的叶。春、夏、秋季均可采收，鲜用或晒干。味苦、涩，性平。收敛止带，杀虫消肿。主治妇女白带，疥癣，象皮腿。

胡桃枝，为植物胡桃的嫩枝。春、夏季采摘嫩枝叶，洗净，鲜用。味苦、涩，性平。杀虫止痒，解毒散结。主治疥疮，瘰疬，肿块。

胡桃根，为植物胡桃的根或根皮。全年均可采收，挖取根，洗净，切片，或剥取根皮，切片，鲜用。味苦、涩，性平。止泻，止痛，乌须发。主治腹泻，牙痛，须发早白。

胡桃油，为植物胡桃种仁的脂肪油。将净胡桃种仁压榨，收集榨出的脂肪油。味辛、甘，性温。温补肾阳，润肠，驱虫，止痒，敛疮。主治肾虚腰酸，肠燥便秘，虫积腹痛，聤耳出脓，疥癣，冻疮，狐臭。

胡桃树皮，为植物胡桃的树皮。全年均可采收，或结合栽培砍伐整枝采剥茎皮和枝皮，鲜用或晒干。味苦、涩，性凉。涩肠止泻，解毒，止痒。主治痢疾，麻风结节，肾囊风，皮肤瘙痒。

油胡桃，为植物胡桃的种仁返油而变成黑色者。味辛，性热，有毒。消痈肿，去疠风，解毒，杀虫。主治痈肿，疠风，霉疮，疥癣，白秃疮，须发早白。

胡桃花，为植物胡桃的花。5～6月花盛开时采收，除去杂质，鲜用或晒干。味甘、微苦，性温。软坚散结，除疣。主治赘疣（浸酒涂搽）。

胡桃青皮，又称青胡桃皮、青龙衣，为植物胡桃未成熟果实的外果皮。夏、秋季摘下未熟果实，削取绿色的外果皮鲜，鲜用或晒干。味苦、涩，性平。归肝、脾、胃经。止痛，止咳，止泻，解毒，杀虫。主治脘腹疼痛，痛经，久咳，泄泻久痢，痈肿疮毒，顽癣，秃疮，白癜风。

【经方验方应用例证】

治肾虚耳鸣，遗精：核桃仁3个，五味子7粒，蜂蜜适量，睡前嚼服。（《贵州草药》）

治小肠气痛：胡桃1枚。烧炭研末，热酒服之。（《奇效良方》）

治肺气肿：青龙衣、麻黄、苦杏仁、石膏、紫苏子各9克，水煎服。（《河北中草药》）

治慢性气管炎：青龙衣9克，龙葵15克，水煎2次，将药液混合，每日分2～3次服，10天为1疗程。（《全国中草药汇编》）

治白癜风：青胡桃皮1个，硫黄一皂子大。研匀。日日掺之，取效。（《本草纲目》）

乌髭发：青胡桃三枚，和皮捣细，入乳汁三盏，于银石器内调匀，搽须发三五次，每日用胡桃油润之，良。（《本草纲目》引《圣济总录》）

治宫颈癌：鲜树枝33厘米，鸡蛋4个。加水同煎，蛋熟后去壳，入汤再煮4小时。每次吃蛋2个，每日2次，连续吃。此方可适用于各种癌症治疗。（《新编中医入门》）

治全身发痒：胡桃树皮，煎水洗。（《湖南药物志》）

安息香丸：主治偏风，半体不仁，纵缓不收，或痹痛。（《圣济总录》）

补精膏：壮元阳，益精气，助胃润肺。（《医方类聚》引《瑞竹堂方》）

补脑振痿汤：主治肢体痿废偏枯，脉象极微细无力，服药久不愈者。（《医学衷中参西录》）

【中成药应用例证】

清宫寿桃丸：补肾生精，益元强壮。用于肾虚衰老所致头晕疲倦，记忆力衰退，腰膝酸软，耳鸣耳聋，眼花流泪，夜尿多，尿有余沥等症。

桂灵丹：收敛肺气，止咳定喘。用于肾虚作喘，肺虚久咳。

海马强肾丸：补肾填精，壮阳起痿。用于肾阴阳两虚所致阳痿遗精，腰膝酸软。

【现代临床应用】

胡桃青皮用于治疗银屑病、白细胞减少症、子宫脱垂；青胡桃果用于治疗胃痛。

胡桃楸

Juglans mandshurica Maxim.

胡桃科（Juglandaceae）胡桃属落叶乔木。

枝条扩展，树冠扁圆形。奇数羽状复叶，小叶9～17枚，椭圆形至长椭圆状披针形，边缘具细锯齿。果序长10～15厘米，俯垂，具5～7果实；果实顶端尖，果核具8条纵棱，其中2条较显著。花期4月，果期4～5月。

英山、罗田均有分布，生于土质肥厚、湿润、排水良好的沟谷两旁或山坡的阔叶林中。

胡桃楸，即核桃楸，种子油供食用，种仁可食；木材反张力小，不挠不裂，可作枪托、车轮、建筑等重要材料。树皮、叶及外果皮含鞣质，可提取栲胶；树皮纤维可作造纸等原料；枝、叶、皮可作农药。

【入药部位及性味功效】

核桃楸果，又称马核桃、马核果、楸马核果、山核桃，为植物核桃楸的未成熟果实或果皮。夏、秋季采收未成熟绿色果实或放熟果皮，鲜用或晒干。味辛、微苦，性平，有毒。归胃经。行气止痛，杀虫止痒。主治脘腹疼痛，牛皮癣。

核桃楸果仁，为植物核桃楸的种仁。秋季果实成熟时采收，除去外果皮、内果皮（壳），取仁，干燥。味甘，性温。敛肺平喘，温补肾阳，润肠通便。主治肺虚咳喘，肾虚腰痛，遗精阳痿，大便秘结。

核桃楸皮，又称楸树皮、秦皮、楸皮，为植物核桃楸的树皮。春、秋采收，剥取树皮，晒干。味苦、辛，性微寒。清热燥湿，泻肝明目。主治湿热下痢，常下黄稠，目赤肿痛，麦粒肿，迎风流泪，骨结核。

【经方验方应用例证】

治急性结膜炎：核桃楸皮、竹叶各9克，黄连3克，水煎服。或核桃楸皮15克，煎汤洗眼。（《陕甘宁青中草药选》）

【中成药应用例证】

复方木鸡合剂：清热燥湿，解热固本。用于湿热蕴结证的慢性肝炎，甲胎蛋白持续阳性患者，并可用于湿热蕴结证肝癌患者化疗的辅助治疗。

复方木鸡冲剂：能提高T-淋巴细胞的免疫活性及巨噬细胞的吞噬能力，对甲胎蛋白有选择性地抑制作用，对肿瘤细胞有直接杀伤和抑制作用。用于甲胎蛋白低浓度持续阳性，慢性活动性肝炎及早期或中期原发性肝癌。

复方木鸡颗粒：具有抑制甲胎蛋白升高的作用。用于肝炎，肝硬化，肝癌。

【现代临床应用】

核桃楸果用于治疗食管贲门癌。

山核桃

Carya cathayensis Sarg.

胡桃科（Juglandaceae）山核桃属落叶乔木。

枝条扩展，树冠扁圆形。奇数羽状复叶，小叶5～7枚，椭圆形至长椭圆状披针形，边缘具细锯齿。雄花序长10～15厘米，俯垂，具5～7果实；果实顶端尖，果核具8条纵棱，其中2条较显著。花期4月，果期4～5月。

罗田薄刀峰有分布，散生于山麓疏林中或腐殖质丰富的山谷，海拔可达400～1200米。

果仁味美可食，亦用以榨油，其油芳香可口，供食用，也可作配制假漆；果壳可制活性炭；木材坚韧，为优质用材。列入《中国生物多样性红色名录-高等植物卷》(2013年9月2日)——易危（VU）

【入药部位及性味功效】

山核桃仁，为植物山核桃的种仁。秋季果实成熟时采收，干燥。临用时敲击果皮，剥取种仁。味甘，性平。归肺、肾经。补益肝肾，纳气平喘。主治腰膝酸软，隐痛，虚喘久咳。

山核桃叶，为植物山核桃的叶。夏、秋季采收，洗净，鲜用。味苦、涩，性凉。清热解毒，杀虫止痒。主治脚趾湿痒，皮肤癣证。

山核桃皮，为植物山核桃的根皮、外果皮。根皮全年可采挖，外果皮于秋季果实成熟时采收，鲜用或晒干。味苦、涩，性凉。清热解毒，杀虫止痒。主治脚趾湿痒，皮肤癣证。

【经方验方应用例证】

治腰痛：山核桃种仁，微炒，黄酒送服。（《天目山药用植物志》）

治脚趾湿痒：山核桃鲜根皮或叶，煎汤，浸洗。（《天目山药用植物志》）

治皮肤癣证：山核桃鲜果皮或叶，捣汁，搽患处。（《天目山药用植物志》）

山核桃酒：收敛、消炎、止痛。适用于急、慢性胃病患者。（《中药制剂汇编》）

江南桤木

Alnus trabeculosa Hand.-Mazz.

桦木科（Betulaceae）桤木属落叶乔木。

叶常倒卵状矩圆形；具不规则疏细齿；叶柄细瘦。果序矩圆形，2～4枚呈总状排列，果序柄长1～2厘米；果苞木质，小坚果宽卵形；果翅厚纸质，极狭。花期5月，果期7～8月。

罗田、英山、麻城均有分布，常生于山谷或河谷的林中、岸边或村落附近。

江南桤木木材纹理直，耐水湿，可做矿柱、舟船和水桶等用具。树皮和果序富含单宁，可以提制栲胶。发达的根系及根瘤又可护岸固堤、改良土壤和涵养水源。

【入药部位及性味功效】

江南桤木，为植物江南桤木的茎、叶。全年均可采收，鲜用或阴干。味苦，性寒。清热解毒。主治湿疹，荨麻疹。适量，煎水洗。

栗

Castanea mollissima Blume

壳斗科（Fagaceae）栗属落叶乔木。

枝灰褐色，被短柔毛。托叶长圆形，被疏长毛及鳞腺。叶边缘疏生锯齿，齿有短刺毛状尖头，叶背被星芒状伏贴茸毛或脱落而呈几无毛。成熟壳斗包坚果2～3个。花期4～6月，果期8～10月。

常见于平地至海拔1500米山地，大别山各县市均有栽培。其中罗田县是我国首批命名的全国板栗之乡，罗田板栗以果大、质优、价廉著称。

栗，《名医别录》列为上品，并载曰："生山阴，九月采。"《本草纲目》云："栗但可种成，不可移栽。"栗之壳斗，有猬毛状针刺，甲骨文之"栗"字，即像木实有芒之形，以其形如草木果实下垂貌，后作栗。

罗田板栗，湖北省罗田县特产，以其果大（特级板栗每千克40粒以内），质优（所产板栗颜色鲜艳，营养丰富，极耐贮藏），价廉（每千克价5～10元，分级销售，以质论价）著称，具有糖分含量高，淀粉含量较低的特点，因而糯性强，口感好，是营养极其丰富的绿色食品。2007年09月03日，原国家质检总局批准对"罗田板栗"实施地理标志产品保护范围为湖北省罗田县胜利镇、河铺镇、九资河镇、白庙河乡、大崎乡、平湖乡、三里畈镇、匡河乡、凤山镇、大河岸镇、白莲河乡、骆驼坳镇等12个乡镇现辖行政区域。

【入药部位及性味功效】

栗子，又称板栗、栗实、栗果、大栗，为植物栗的种仁。总苞由青色转黄色，微裂时采收，放冷凉处散热，反搭棚遮荫，棚四周夹墙，地面铺河沙，堆栗高30cm，覆盖混砂，经常洒水保湿。10月下旬至11月入窖贮藏，或剥出种子，晒干。味甘、微咸，性平。归脾、肾经。益气健脾，补肾强筋，活血消肿，止血。主治脾虚泄泻，反胃呕吐，脚膝酸软，筋骨折伤肿痛，瘰疬，吐血，衄血，便血。

板栗花，为植物栗的穗状花序。4～5月花开时采收，干燥。味微苦、涩，性平。归大肠、肝经。清热燥湿，止血，散结。用于泄泻，痢疾，带下，便血，瘰疬，瘿瘤。

栗叶，为植物栗的叶。夏、秋季采集，多鲜用。味微甘，性平。清肺止咳，解毒消肿。主治百日咳，肺结核，咽喉肿病，肿毒，漆疮。

栗荴，又称栗子内薄皮、栗蓬内膈断薄衣，为植物栗的内果皮。剥取栗仁时收集，阴干。味甘、涩，性平。散结下气，养颜。主治骨鲠，瘰疬，反胃，面有皱纹。

【经方验方应用例证】

治脾肾虚寒暴注：栗子煨熟食之。(《本经逢原》)

治幼儿腹泻：栗子磨粉，煮如糊，加白糖适量喂服。(《食物中药与便方》)

治小儿脚弱无力，三四岁尚不能行步：日以生栗与食。(《食物本草》)

治骨鲠在咽：栗子内薄皮，烧存性，研末，吹入咽中。(《本草纲目》)

治漆疮：鲜栗叶适量，煎水外洗。(《广西中草药》)

栗树叶洗剂：主治漆性皮炎。(《中医皮肤病学简编》)

芫荽汤：透发痘疹。适用于小儿水痘。(《岭南草药志》)

防饥救生四果丹：补肾水，健脾土，润肺金，清肝木，而心火自平也。(《惠直堂方》)

【中成药应用例证】

三味止咳片：镇咳，祛痰，平喘。用于慢性支气管炎。

化痰消咳片：肃肺化痰，消炎止咳。用于感冒咳嗽，痰多气喘，上呼吸道感染，急性支气管炎。

茅栗

Castanea seguinii Dode

壳斗科（Fagaceae）栗属落叶乔木。

叶片锯齿有小尖头，顶部渐尖，叶背有黄或灰白色鳞腺，幼嫩时沿叶背脉两侧有疏单毛。壳斗外壁密生锐刺，宽略过于高，内有坚果2～3个。花期5～7月，果期9～11月。

大别山各县市均有分布，生于海拔400～1500米丘陵山地。

《本草纲目》：栗，小如指顶者为茅栗，即《尔雅》所谓栭栗也，一名栵栗，可炒食之。

【入药部位及性味功效】

茅栗根，为植物茅栗的根。全年可采，晒干。味苦，性寒。清热解毒，消食。主治肺炎，肺结核，消化不良。

茅栗仁，又称栭栗、栵栗、野栗子、毛凹栗子、金栗、野茅栗、毛栗、栵、栭，为植物茅栗的种仁。秋季总苞由青转黄，微裂时采收，剥出种子，晒干。味甘，性平。安神。主治失眠。

茅栗叶，为植物茅栗的叶。夏、秋季采摘，鲜用或晒干。消食健胃。主治消化不良。一般用量15～30g，煎汤内服。

【经方验方应用例证】

治失眠：茅栗仁30克，莲子（去心）30克，红枣5～7个，白糖60～120克，炖服。忌食酸辣、芹菜、萝卜菜。(《天目山药用植物志》)

治肺炎：茅栗根、虎刺根、黄荆根、黄栀子根各9克。灯心草为引，水煎服。(江西《草药手册》)

榔榆

Ulmus parvifolia Jacq.

榆科（Ulmaceae）榆属落叶乔木。

树皮灰或灰褐色，内皮红褐色。叶质地厚，披针状卵形或窄椭圆形；细脉在两面均明显。花秋季开放；花被上部杯状，下部管状，深裂。翅果椭圆形，果核位于翅果中上部。花果期8～10月。

大别山各县市广布，常生于平原、丘陵、山坡及谷地等。

榔榆始载于《本草拾遗》。榔榆，即郎榆。人之称谓，女者为“姑”，男者为“郎”。引申动植物之雌雄性别亦可用之。姑榆，即今普通之榆树，以其春日开花结果，认为它有生子的能力，故曰“姑榆”。榔榆，夏秋季开花结实，人不易见，在春时与普通之榆树相比，不见其花实，认为它是雄性不能生子，故曰“郎榆”。后来，植物之名称认为木本者多加木旁，即作“榔榆”了。

【入药部位及性味功效】

榔榆茎，又称鸡筹仔茎，为植物榔榆的茎，夏、秋季均可采收，鲜用。味甘、微苦，性寒。通络止痛。主治腰背酸痛。

榔榆皮，又称朗榆皮，为植物榔榆的树皮、根皮，全年可采收，洗净，晒干。味甘、微苦，性寒。清热利水，解毒消肿，凉血止血。主治热淋，小便不利，疮疡肿毒，乳痈，水火烫伤，痢疾，胃肠出血，尿血，痔血，腰背酸痛，外伤出血。

榔榆叶，又称鸡筹仔叶，为植物榔榆的叶，夏、秋季均可采收，鲜用。味甘、微苦，性寒。清热解毒，消肿止痛。主治热毒疮疡，牙痛。

榔榆根，为植物榔榆的干燥根，洗净润透，切成厚片，干燥。清热解毒，消肿止血。

【经方验方应用例证】

治牙疼：榔榆鲜叶煎汤，加醋少许。含漱。(《福建中草药》)

治创伤出血：榔榆根皮，研成细分，高压消毒后撒敷创面。(《浙南本草新编》)

治腰背酸痛：榔榆茎15～30克洗净切碎，猪脊骨数量不拘，和水、酒适量各半，炖服。(《闽南民间草药》)

朴树

Celtis sinensis Pers.

榆科（Ulmaceae）朴属落叶乔木。

叶卵形或卵状椭圆形，基部不偏斜或稍偏斜；叶先端尖至渐尖。果较小，一般直径5～7毫米；果梗短于邻近的叶柄。花期4～5月，果期9～10月。

大别山各县市广布，常生于路旁、山坡、林缘。

朴树可作行道树，对二氧化硫、氯气等有毒气体的抗性强；茎皮为造纸和人造棉原料；果实榨油作润滑油；木材坚硬，可供工业用材；根、皮、叶入药有消肿止痛、解毒治热的功效，外敷治水火烫伤；叶制土农药，可杀红蜘蛛。

【入药部位及性味功效】

朴树根皮，为植物朴树的根皮。全年均可采收，刮去粗皮，洗净，鲜用或晒干。味苦、辛，性平。祛风透疹，消食止泻。主治麻疹透发不畅，消化不良，食积泻痢，跌打损伤。

朴树果，为植物朴树的成熟果实。冬季果实成熟时采，晒干。味苦、涩，性平。清热利咽。主治感冒咳嗽音哑。

朴树皮，为植物朴树的树皮。全年均可采，洗净，切片，晒干。味辛、苦，性平。祛风透疹，消食化带。主治麻疹透发不畅，消化不良。

朴树叶，为植物朴树的叶。夏季采收，鲜用或晒干。味微苦，性凉。清热，凉血，解毒。

主治漆疮，荨麻疹。

【经方验方应用例证】

治腰痛：朴树皮120～150克，苦参60～90克，水煎冲黄酒、红糖，早晚空腹各服1次。（《天目山药用植物志》）

治感冒风寒，咳嗽声哑：朴树果6克，水煎服。（《广西本草选编》）

治跌打扭伤：朴树鲜根皮捣烂外敷，或取根皮30～60克炖瘦猪肉服。（《广西本草选编》）

治漆疮，荨麻疹：朴树鲜叶，捣汁涂敷，或揉碎外搽。（《浙江药用植物志》）

治麻疹，消化不良：朴树根皮15～30克，水煎服。（《浙江药用植物志》）

构树

Broussonetia papyrifera (Linnaeus) L'Heritier ex Ventenat

桑科（Moraceae）构属落叶乔木。

叶广卵形至长椭圆状卵形，背面密被细茸毛，边缘具粗锯齿，不分裂或3～5裂。花雌雄异株，雄花序为柔荑花序。雌花序为球形头状花序。花期4～5月，果期6～7月。

大别山各县市广布，常生于路边、山坡、田埂等地。

楮实入药，始载于《名医别录》，列为上品。陶弘景云："此楮即今瀫树也。"《本草纲目》云："楚人呼乳为瀫，其木中白汁如乳，故以名之。"

【入药部位及性味功效】

楮实，又称楮实子、角树子、野杨梅子、构泡，为植物构树的果实。移栽4～5年，9月果实变红时采摘，除去灰白色膜状宿萼及杂质，晒干。味甘，性寒。归肝、肾、脾经。滋肾益阴，清肝明目，健脾利水。主治肾虚，腰膝酸软，阳痿，头晕目昏，目翳，水肿。

楮茎，又称楮枝，为植物构树的树条。春季采收枝条，晒干。祛风，明目，利尿。主治风疹，目赤肿痛，小便不利。

楮树白皮，又称楮树皮、楮白皮、楮皮、构皮，为植物构树除去外皮的内皮。春、秋季剥取树皮，除去外皮，晒干。味甘，性平。利水，止血。主治小便不利，水肿胀痛，便血，崩漏。

楮树根，又称纱纸树根、壳树根、构树根，为植物构树的嫩根或根皮。春季挖嫩根，或秋季挖根，剥取根皮，鲜用或晒干。味甘，性微寒。凉血散瘀，清热利湿。主治咳嗽吐血，崩漏，水肿，跌打损伤。

楮皮间白汁，又称五金胶漆、楮树白汁、构胶、楮树汁、楮树浆，为植物构树茎皮部的乳汁。春、秋季割开树皮，流出乳汁开后取下。味甘，性平。利水，杀虫解毒。主治水肿，疥癣，虫咬。

楮叶，为植物构树的叶。全年均可采收，鲜用或晒干。味甘，性凉。凉血止血，利尿解毒。主治吐血，衄血，崩血，金疮出血，水肿，疝气，痢疾，毒疮。

【经方验方应用例证】

补肝重明丸：补养肝血，滋长胆水，退目中隐闷。主治瞳神昏散，目力虚弱，视物不真。(《急救仙方》)

拨云退翳散：主治冰虾翳。黑睛上生翳，如冰虾形状者。(《银海精微》)

治神经性皮炎，下肢湿疹：楮树浆涂患处，每日2次。(《安徽中草药》)

治蜂蜇：楮皮生者，取汁，涂敷蜇处。(《圣济总录》)

治头目眩晕、腰膝酸软：楮实子、杜仲、牛膝各12克，枸杞子、菊花各9克，水煎服。[《全国中草药汇编》(第二版)]

催乳：楮实子6～10克，水煎服。(《中国苗族药物彩色图集》)

蛇黄丹：化痰开窍，熄风镇静。治五脏六腑诸风，癫痫，掣纵，吐涎沫，不识人；及小儿慢惊风。(《三因极一病证方论》)

龙骨阿胶散：主治赤白痢，冷热相攻，腹中刺痛。(《圣济总录》)

楮叶汤：治小儿痢渴不止，或时呕逆，不下食。(《圣惠》)

补肝柏子仁丸：主治肝虚寒，面色青黄，胸胁胀满，筋脉不利，背膊酸疼，羸瘦无力。(《圣惠》)

【中成药应用例证】

人参卫生丸：补肝肾、益气血。用于肝肾不足，气血亏损，体质虚弱，遗尿遗精，阳痿早泄。

全鹿片：补肾填神，益气培元。用于老年阳虚，腰膝酸软，畏寒肢冷，肾虚尿频，妇女血亏，崩漏带下。

壮肾安神片：滋阴补肾，生精填髓。用于肾精不足，头晕目眩，心悸耳鸣，神志不宁，腰膝酸软，阳痿遗精。

还少丹：温肾补脾，养血益精。用于脾肾虚损，腰膝酸痛，阳痿遗精，耳鸣目眩，精血亏耗，肌体瘦弱，食欲减退，牙根酸痛。

遐龄颗粒：滋补肝肾，生精益髓。用于肝肾亏损，精血不足引起的神疲体倦、失眠健忘、阳痿早泄、腰膝酸软等症。

清肤止痒酊：凉血解毒，祛风止痒。用于血热风燥所致的银屑病，以及癣病皮肤瘙痒。

柘

Maclura tricuspidata Carrière

桑科（Moraceae）柘属落叶乔木或小灌木。

棘刺长5～20毫米。雌雄异株，雌雄花序均为球形头状花序。叶卵形或菱状卵形，偶为3裂，叶侧脉4～6对。聚花果近球形，成熟时橘红色。花期5～6月，果期6～7月。

大别山各县市广布，常生于阳光充足的山地或林缘。

柘木入药始载于《本草拾遗》。《本草纲目》收藏于木部，云："处处山中有之，喜丛生。干疏而直，叶丰而厚，团而有尖。其叶饲蚕……"

【入药部位及性味功效】

柘木，为植物柘树的木材，全年均可采收，砍取树干及粗枝，趁鲜剥去树皮。味甘，性温。主治虚损，妇女崩中血结，疟疾。

柘木白皮，为植物柘树除去栓皮的树皮或根皮，全年均可采收，剥取根皮和树皮，刮去栓皮，鲜用或晒干。味甘、微苦，性平。补肾固精，利湿解毒，止血，化瘀。主治肾虚耳鸣，腰膝冷痛，遗精，带下，黄疸，疮疖，呕血，咯血，崩漏，跌打损伤。

柘树果实，又称佳子、山荔枝、水荔枝、野荔枝、野梅子，为植物柘树的果实，秋季果实将成熟时采收，切片，鲜用或晒干。味苦，性平。清热凉血，舒筋活络。主治跌打损伤。

柘树茎叶，为植物柘树的枝及叶，夏、秋季采收，鲜用或晒干。味甘、微苦，性凉。清热解毒，祛风活络。主治痄腮，痈肿，隐疹，湿疹，跌打损伤，腰腿痛。

柘耳，为寄生于植物柘树上的木耳。夏秋季采收，洗净，晒干。味甘，性平。归肺、大肠经。清肺解毒，化痰止咳。主治肺痈咳嗽脓血，肺燥干咳。

【经方验方应用例证】

洗目令明：柘木煎汤，按日温洗。(《海上方》)

治劳伤咳嗽：根皮9克，泡酒或蒸米汤服。(《本草拾遗》)

治腮腺炎、疖肿、关节扭伤：鲜根皮或鲜叶适量，捣烂敷患处。(《云南中草药》)

治跌打损伤：柘根白皮15克，煎水，服时兑黄酒适量，另用鲜根白皮捣烂，加酒少许，调敷患处。(《安徽中草药》)

治腰痛：鲜柘树根皮120克，酒炒后，水煎服。(《浙江民间常用草药》)

治跌打损伤：成熟果实切片晒干，研粉。每次1调羹，黄酒吞服，每日2次，连用5～6天。(《浙江民间常用草药》)

治疖子、湿疹：柘树茎叶煎汤外洗。(《浙江民间常用草药》)

治小儿身热，皮肤生恶疮：柘树叶煎汤洗浴。(《天目山药用植物志》)

白柘汤：人素有劳根，苦作便发，发则身体百节皮肤疼痛，或热极筋急。(《鸡峰》)

红黑二散：诸损。(《永类钤方》)

接骨续筋丹：生血止痛。(《医统》《永类钤方》)

【中成药应用例证】

柘木糖浆：抗肿瘤药。用于食管癌、胃癌、贲门癌、肠癌的辅助治疗。

表热清颗粒：清火，解毒退热。主治要用于上呼吸道感染、扁桃体炎、急性咽喉炎、急性支气管炎等。

宫炎平胶囊：清热利湿，祛瘀止痛，收敛止带。用于湿热瘀阻所致小腹隐痛、带下病，症见小腹隐痛，经色紫暗、有血块，带下色黄质稠；慢性盆腔炎见上述证候者亦可应用。

桑

Morus alba L.

桑科（Moraceae）桑属落叶乔木或为灌木。

叶卵形或广卵形，表面无毛，背面沿脉有疏毛。花单性，腋生或生于芽鳞腋内，与叶同时生出；雄花序下垂，密被白色柔毛，花被片宽椭圆形，淡绿色。聚花果成熟时红或暗紫色。花期4～5月，果期5～8月。

大别山各地有栽培或者野生，生于路边、河岸、农田等。

桑，《诗经》即有记载，《神农本草经》列入中品。《说文解字系传》云："叒，东方自然神木之名……此蚕所食，异于东方自然之神木，加木以别之。"故为桑。

【入药部位及性味功效】

桑柴灰，又称桑灰、桑薪灰，为植物桑茎枝烧成的灰，初夏剪取桑枝，晒干后，烧火取灰。味辛，性寒。利水，止血，蚀恶肉。主治水肿，金疮出血，面上痣疵。

桑根，又称桑树根，为植物桑的根。全年均可挖取，除去泥土和须根，鲜用或晒干。味微苦，性寒。归肝经。清热定惊，祛风通络。主治惊痫，目赤，牙痛，筋骨疼痛。

桑沥，又称桑油，为植物桑的枝条经烧灼后沥出的液汁。取较粗枝条，将两端架起，中间加火烤，收集两端滴出的液汁。味甘，性凉。归肝经。祛风止痉，清热解毒。主治破伤风，皮肤疥疮。

桑皮汁，又称桑汁、桑白汁、桑木汁、桑皮中白汁、桑白皮汁，为植物桑树皮中之白色液汁。用刀划破桑树枝皮，立即有白色乳汁流出，用洁净容器收取。味苦，性微寒。清热解毒，止血。主治口舌生疮，外伤出血，蛇虫咬伤。

桑霜，又称木硇，为植物桑的柴灰汁经过滤，取滤液蒸发所得的结晶状物。取桑柴灰，用热水浸泡，适当搅拌，静置，取上清液过滤，滤液再经加热蒸干，收取干燥的结晶状物，装入瓶（罐）中，加盖。味甘，性凉。解毒消肿，散积。主治痈疽疔疮，噎食积块。

桑叶露，为植物桑叶的蒸馏液。取鲜桑叶和清水置于蒸馏器中，加热蒸馏，收取蒸馏液，分装于玻璃瓶中，封口，灭菌。味辛，性微寒。归肝经。清肝明目。主治目赤肿痛。

桑叶汁，又称桑滋干、桑叶滋、桑脂，为植物桑鲜叶的乳汁。鲜品为白色乳汁，略有黏稠性。味苦，性微寒。归肝经。清肝明目，消肿解毒。主治止赤肿痛，痈疖，瘿瘤，蜈蚣咬伤。

桑瘿，为植物桑老树上的结节。冬季桑树修枝时，锯取老桑树上的瘤状结节，趁鲜时劈成不规则小块片，晒干。味苦，性平。归肝、胃经。祛风除湿，止痛，消肿。主治风湿痹痛，胃痛，鹤膝风。

桑椹子，又称桑实、葚、乌椹、文武实、黑椹、桑枣、桑葚子、桑粒、桑果，为植物桑的果穗。5～6月当桑的果穗变红色时采收，晒干或蒸后晒干。味甘、酸，性寒。归肝、肾经。滋阴养血，生津，润肠。主治肝肾不足和血虚精亏的头晕目眩，腰酸耳鸣，须发早白，失眠多梦，津伤口渴，消渴，肠燥便秘。

桑椹，为植物桑的干燥果穗。4～6月果实变红时采收，晒干，或略蒸后晒干。味甘、酸，性寒。归心、肝、肾经。滋阴补血，生津润燥。用于肝肾阴虚，眩晕耳鸣，心悸失眠，须发早白，津伤口渴，内热消渴，肠燥便秘。

桑叶，又称铁扇子、蚕叶，为植物桑的干燥叶。初霜后采收，除去杂质，晒干。味甘、苦，性寒。归肺、肝经。疏散风热，清肺润燥，清肝明目。用于风热感冒，肺热燥咳，头晕头痛，目赤昏花。

桑枝，又称桑条，为植物桑的干燥嫩枝。春末夏初采收，去叶，晒干，或趁鲜切片，晒干。味微苦，性平。归肝经。祛风湿，利关节。用于风湿痹病，肩臂、关节酸痛麻木。

【经方验方应用例证】

拔疔散：消肿止痛。主治疔毒，或已走黄者。（《良方集腋》）

白莲散：去黑子诸般瘤瘢。主治瘢靥或雕青。（《御药院方》）

芙蓉膏：主治大小诸靥子遍满头面或身体者。（《宣明论》）

金宝膏：去腐肉朽肉，不伤良肉新肉。主治瘰疬。（《医学正传》卷六引程石香方）

金沉膏：主治一切瘤子，瘰疬。（《医方类聚》卷一九四引《经验秘方》）

立溃拔毒膏：主治诸般恶毒，痈疽疮疖。（《玉案》）

灵效丸：主治男子妇人痛风。(《百一》卷三引钱闻礼方)

应痛丸：治折伤后，为四气所侵，手足疼痛。(《伤科汇纂》)

青真汤：桑叶汁，车前子汁，二汁相和，分为二服，食前饮下。治小便不通，腹胀，气急妨闷。(《普济方》)

安神丸：养心安神。主治神经衰弱，头晕烦躁，失眠多梦。(《中药制剂手册》)

擦牙乌须方：乌须。主治髭发早白。每清晨擦牙，用水漱口，洗须鬓，不可将漱水入盆内，恐伤眼目。(《准绳·类方》)

长生丹：主治男子劳损羸瘦，阳事不举，精神短少，须发早白，步履艰难；妇人下元虚冷，久不孕育。(年氏《集验良方》)

桑椹蜜膏：将鲜桑椹1000克煎煮2次，取煎液1000克，文火浓缩，以稠粘为度，加新鲜蜂蜜300克，再煮一沸，停火冷却即可装瓶。滋阴养血，润肠通便。适用于血虚津枯的便秘，特别对老年体虚、气血虚亏者久服有良效。(《民间方》)

延寿丹：何首乌2.25千克，豨莶草500克，菟丝子500克，杜仲250克，牛膝250克，女贞子250克，霜桑叶250克，忍冬藤120克，生地黄120克，桑椹膏500克，黑芝麻膏500克，金樱子膏500克，墨旱莲膏500克。先将前九味研细末，合桑椹膏、黑芝麻膏、金樱子膏、墨旱莲膏和匀，酌加炼白蜜捣丸。每服9克，每日二次。补肝肾，益精血，强筋骨，乌须发。治肝肾不足，头晕眼花，耳鸣健忘，腰膝无力，四肢酸麻，夜尿频数，须发早白。现用于高血压病、动脉粥样硬化、冠状动脉硬化性心脏病属肝肾不足者。(《世补斋医书》)

【中成药应用例证】

生发片：滋补肝肾，益气养血，生发乌发。用于肝肾不足、气血亏虚所致的头发早白、脱落，斑秃，全秃，脂溢性脱发。

还精煎口服液：补肾填精，扶正祛邪，阴阳两补，益元强壮。用于肾虚所致头晕心悸，腰酸肢软，以及中老年原发性高血压。

九味参茸胶囊：阴阳双补。用于阴阳两虚引起的头晕耳鸣，失眠多梦，心悸气短，畏寒肢冷，潮热汗出，腰膝酸软。

健肾生发丸：补肾益肝，健肾生发。用于肾虚脱发，肾虚腰痛，慢性肾炎，神经衰弱。

复方决明片：养肝益气，开窍明目。用于气阴两虚证的青少年假性近视。

牡丹

Paeonia suffruticosa Andr.

毛茛科（Ranunculaceae）芍药属落叶灌木。

二回三出复叶，偶尔近枝顶的叶为3小叶。花单生枝顶，直径10～17厘米；花梗长4～6厘米；苞片5；萼片5；花色多；花瓣5，或重瓣，顶端呈不规则的波状；雄蕊多数。花丝紫红色、粉红色，上部白色。花期5月，果期6月。

我国特有名贵花卉，大别山地区常做观赏或药用植物栽培。

牡丹始载于《神农本草经》，列为中品。陶弘景云："今东间亦有，色赤者为好。"色赤亦称丹，以根皮色赤取义，则称"丹"。花似芍药，植株为小灌木，故又称木芍药。比之芍药，根亦木质而坚，故以"木"名之。"牡"为木之音转而称牡丹。

【入药部位及性味功效】

牡丹花，为植物牡丹的花。味苦、淡，性平。归肝经。活血调经。主治妇女月经不调，经行腹痛。

牡丹皮，又称牡丹根皮、丹皮、丹根，为植物牡丹的干燥根皮。秋季采挖根部，除去细根和泥沙，剥取根皮，晒干或刮去粗皮，除去木心，晒干。前者习称连丹皮，后者习称刮丹皮。味苦、辛，性微寒。归心、肝、肾经。清热凉血，活血化瘀。用于热入营血，温毒发斑，吐血衄血，夜热早凉，无汗骨蒸，经闭痛经，跌扑伤痛，痈肿疮毒。

【经方验方应用例证】

立竿见影方：活水瘦胎，软骨。主治死胎不下，横生逆产。（《胎产秘书》）

牡丹花粥：先以米（50克）煮粥，待粥一二沸后，加入牡丹花（阴干者6克，鲜者10～20克）再煮，粥熟后入白糖调匀即可。空腹服，每日2次。养血调经。适用于妇女月经不调、经行腹痛。（《粥谱》）

牛蒡解肌汤：疏风清热，凉血消肿。主治头面风热，颈项痰毒，风热牙痛，兼有表证者。（《疡科心得集》）

大黄牡丹汤：泻热破瘀，散结消肿。主治肠痈初起，湿热瘀滞证。右少腹疼痛拒按，按之其痛如淋，甚则局部肿痞，或右足屈而不伸，伸则痛剧，小便自调，或时时发热，自汗恶寒，舌苔薄腻而黄，脉滑数。常用于急性单纯性阑尾炎、肠梗阻、急性胆道感染、胆道蛔虫、胰腺炎、急性盆腔炎、输卵管结扎后感染等属湿热瘀滞者。（《金匮要略》）

阑尾清解汤：清热解毒，攻下散结，行气活血。主治急性阑尾炎热毒期，症见发热恶寒，面红目赤，唇干舌燥，口渴欲饮，恶心呕吐，腹痛拒按，腹肌紧张，有反跳痛，大便秘结，舌质红，苔黄燥或黄腻，脉洪大滑数。（《新急腹症学》）

滋水清肝饮：滋养补肾，清肝泻火。主治阴虚肝郁，胁肋胀痛，胃脘疼痛，咽干口燥，舌红少苔，脉虚弦或细软。（《医宗己任编》）

【中成药应用例证】

八味肾气丸：温补肾阳。用于肾阳不足，腰痛膝软，消渴水肿，肾虚咳喘，小便频数，大便溏泻。

妇乐冲剂：清热凉血，消肿止痛。用于盆腔炎、附件炎、子宫内膜炎等引起的带下、腹痛。

三宝片：填精益肾，养心安神。用于肾阳不足所致腰酸腿软，阳痿遗精，头晕眼花，耳鸣耳聋，心悸失眠，食欲不振。

丹杞颗粒：补肾壮骨。用于骨质疏松症属肝肾阴虚证，症见腰脊疼痛或全身骨痛，腰膝酸软，或下肢痿软，眩晕耳鸣，舌质偏红或淡。

丹栀逍遥胶囊：疏肝健脾，解郁清热，养血调经。用于肝郁脾弱，血虚发热，两胁作痛，头晕目眩，月经不调等症。

丹花口服液：祛风清热，除湿，散结。用于肺胃蕴热所致的粉刺（痤疮）。

乳癖消贴膏：软坚散结，清热解毒，活血止痛。用于乳癖属气滞血瘀证，症见乳房结块，胀痛，压痛；乳腺囊性增生病见上述证候者亦可应用。

人参固本口服液：滋阴益气，固本培元。用于阴虚气弱，虚劳咳嗽，心悸气短，骨蒸潮热，腰酸耳鸣，遗精盗汗，大便干燥。

威灵仙

Clematis chinensis Osbeck

毛茛科（Ranunculaceae）铁线莲属木质藤本。

羽状复叶有5小叶，有时3或7，小叶纸质，卵形、窄卵形或披针形，全缘。常为圆锥状聚伞花序，多花，腋生或顶生；萼片4～5，白色。瘦果扁，3～7个。花期6～9月，果期8～11月。

大别山低海拔地区广布，常生于山坡、山谷灌丛中或沟边、路旁草丛中。

威灵仙存在同名异物现象。其入药最早见于南北朝梁代姚僧垣的《集验方》。元代《汤液本草》、明代《本草纲目》，均有用威灵仙以铁脚者为佳之记载。故自元、明以来，入药以铁脚威灵仙为佳，应视为药用威灵仙的正品。

【入药部位及性味功效】

威灵仙叶，为植物威灵仙的叶。夏、秋季采叶，鲜用或晒干。味辛、苦，性平。利咽，解毒，活血消肿。主治咽喉肿痛，喉痹，喉蛾，鹤膝风，麦粒肿，结膜炎等。

威灵仙，又称能消、铁脚威灵仙、灵仙、黑脚威灵仙、黑骨头，为植物威灵仙、棉团铁线莲、辣蓼铁线莲、毛柱铁线莲和柱果铁线莲的根及根茎。秋季挖出，去净茎叶，洗净泥土，晒干，或切段晒干。味辛、咸、微苦，性温，小毒。归膀胱、肝经。祛风除湿，通络止痛。主治风湿痹痛，肢体麻木，筋脉拘挛，屈伸不利，脚气肿痛，疟疾，骨鲠咽喉。并治痰饮积聚。

【经方验方应用例证】

健步虎潜丸：滋补肝肾，接骨续筋。主治跌打损伤，血虚气弱，腰胯膝腿疼痛，筋骨酸软无力，步履艰难。(《伤科补要》)

保婴百中膏：主治小儿疳癖泻痢，咳嗽，不肯服药，及治跌扑伤损，手足肩背并寒湿脚气，疼痛不可忍者。(《古今医鉴》)

归灵内托散：补元益气，清热除湿，通络活血。主治杨梅疮，不问新久，但元气虚弱者。(《医宗金鉴》)

海桐皮汤：通畅气血，舒展经络，消退肿胀。主治跌打损伤，筋翻骨错疼痛不止。(《医宗金鉴》)

大活络丹：调理气血，祛风除湿，活络止痛，化痰熄风。主治中风后，半身不遂，腰腿沉重，筋肉挛急；亦治风寒湿痹。(《兰台轨范》引宋代《圣济总录》)

斑龙八师丹：主治蝼蝈疬。肾湿甚，初起先于肋膝三五连串，大小连枝，渐成大串，延长如土狗之状，寒热不时，或痛痒麻木，顽痹不仁，若不连治，则遍身穿烂而死。(《疡医大全》)

【中成药应用例证】

万应宝珍膏：舒筋活血，解毒。用于跌打损伤，风湿痹痛，痈疽肿痛。

万灵筋骨酒：祛风散寒，活血止痛。用于风寒湿邪引起的关节疼痛，肩背酸沉，腰痛寒腿，四肢麻木，筋脉拘挛。

中风回春胶囊：活血化瘀，舒筋通络。用于中风偏瘫，半身不遂，肢体麻木。

伤筋正骨酊：消肿镇痛，用于跌打扭伤及骨折，脱臼。

养阴清胃颗粒：养阴清胃，健脾和中。用于慢性萎缩性胃炎属郁热蕴胃，伤及气阴证，症见胃脘痞满或疼痛，胃中灼热，恶心呕吐，泛酸呕苦，口臭不爽，便干等。

前列安栓：清热利湿通淋，化瘀散结止痛。主治湿热瘀血壅阻证所引起的少腹痛、会阴痛、睾丸疼痛、排尿不利、尿频、尿痛、尿道口滴白、尿道不适等症。也可用于精浊、白浊、劳淋（慢性前列腺炎）等病见以上证候者。

古威活络酊：镇痛消肿，祛风除湿，舒筋活络。用于风湿骨痛，伤风感冒，心胃气痛。

【现代临床应用】

威灵仙可用于治疗脊柱肥大症、足跟疼症、胆石症、中期妊娠引产。

大花威灵仙

Clematis courtoisii Hand.-Mazz.

毛茛科（Ranunculaceae）铁线莲属木质攀援藤本。

须根黄褐色。茎圆柱形，疏被柔毛，具纵沟，节膨大。一至二回三出复叶或一回羽状复叶；叶片薄纸质或亚革质。花单生于叶腋；苞片卵形或宽卵形；花直径5～9.5厘米；萼片6，白色或带紫色。瘦果棕红色。花期5～6月，果期6～7月。

罗田、英山有分布，常生于山坡及溪边及路旁的杂木林中、灌丛中，攀援于树上。

品种繁多，花色丰富，常见颜色有玫瑰红、粉红、紫色和白色等，是庭园垂直绿化的好材料，家庭可以盆栽。除直接观赏，也可剪下作切花或作干花材料。

【入药部位及性味功效】

大花威灵仙，又称威灵仙，为植物大花威灵仙的根和茎藤。全年均可采收，鲜用或晒干。味苦、微辛，性平。清热利湿，理气通便，解毒。主治小便不利，腹胀，大便秘结，风火牙痛，目生星翳，虫蛇咬伤。

【经方验方应用例证】

治风火牙痛：鲜根，加食盐捣烂，敷患处。（《天目山药用植物志》）

治蛇虫咬伤：大花威灵仙捣烂敷患处。（《湖南药物志》）

木通

Akebia quinata (Houttuyn) Decaisne

木通科（Lardizabalaceae）木通属落叶木质藤本。

嫩枝略带紫色，皮孔明显。小叶5，倒卵形或椭圆形，中脉在下面略凸起。雄花较雌花小。浆果椭圆或长椭圆形，成熟时暗紫色，纵裂，瓤白色，种子黑色。花期4～6月，果期6～10月。

常生于山地灌木丛中和沟边，缠绕于其他木本植物。果可食用。

木质藤本，茎中导管粗大，断面可见众多细孔，两头相通，故称“木通”。木通，原名通草，始载于《神农本草经》，列为中品。《药性论》首先称之为木通。后来，唐代民间又将通脱木称“通草”，于是出现了同名异物现象。为改变这一混淆，后世本草如《汤液本草》和《本草品汇精要》等都以木通为名，其所述均为木通科植物。果形似瓜，八月成熟后自动开裂，故称“八月瓜”“八月炸”，并音转为“八月札”。

【入药部位及性味功效】

木通根，又称八月瓜根，为植物木通、三叶木通或百木通的根。秋、冬季采挖，晒干或烘干。味苦，性平，归膀胱，肝经。祛风除湿，活血行气，利尿，解毒。主治风湿痹痛，跌打损伤，经闭，疝气，睾丸肿痛，脘腹胀闷，小便不利，带下，虫蛇咬伤。

木通，又称通草、附支、丁翁、丁父、葍藤、王翁、万年、万年藤、燕覆、乌覆、活血藤，为植物木通、三叶木通或百木通的干燥藤茎。秋季采收，截取茎部，除去细枝，阴干。味苦，性寒。归心、小肠、膀胱经。利尿通淋，清心除烦，通经下乳。用于淋证，水肿，心烦尿赤，口舌生疮，经闭乳少，湿热痹痛。

八月札，又称畜葍子、拿子、桴棪子、覆子、八月楂、木通子、压惊子、八月瓜、预知子、八月炸、八月果、百日瓜、牵藤瓜、冷饭包、拉拉果、野香交、羊开口、腊瓜，为植物木通、三叶木通或百木通的果实。8～9月果实成熟而未开裂时采摘，用绳穿起晾干，切忌堆放，以免发热霉烂，或用沸水泡透后晒干。味微苦，性平。归肝、胃、膀胱经。疏肝和胃，活血止痛，软坚散结，利小便。主治肝胃气滞，脘腹、胁助胀痛，饮食不消，下痢便泄，疝气疼痛，腰痛，经闭痛经，瘿瘤瘰疬，恶性肿瘤。

【经方验方应用例证】

治肝癌：八月札、石燕、马鞭草各30克，水煎服。(《常用抗癌药物手册》)

治喉咙痛：用木通煎汤服之，或将木通含之，咽津亦得。(《普济方》)

治腰痛：三叶木通根30克，浸酒服。(《江西草药》)

导赤散：清心利水养阴。本方常用于口腔炎、鹅口疮、小儿夜啼等属心经有热者，急性泌尿系感染属下焦湿热者，亦可加减治之。(《小儿药证直诀》)

泻肺饮：清热泻火解毒。主治风热所致眼目赤痛。(《眼科纂要》)

劳伤药酒：主治跌打损伤腰部痛。[《全国中药成药处方集》(重庆方)]

理气降逆汤：理气降逆，解毒辟秽。主治气滞中阻，胃逆呕吐。(上海龙华医院方)

【中成药应用例证】

双香排石颗粒：利水，通淋，排石，解毒。用于石淋及排除泌尿结石。

复明颗粒：滋补肝肾，养阴生津，清肝明目。用于青光眼，初、中期白内障及肝肾阴虚引起的羞明畏光、视物模糊等病。

安阳固本膏：温肾暖宫，活血通络。用于女子宫寒不孕，经前腹痛，月经不调；男子精液稀薄，精子少，腰膝冷痛。

清淋片：清热泻火，利水通淋。用于膀胱湿热所致的淋证、癃闭，症见尿频涩痛，淋沥不畅，小腹胀满，口干咽燥。

清脑复神液：清心安神，化痰醒脑，活血通络。用于神经衰弱，失眠，顽固性头痛，脑震荡后遗症所致头痛、眩晕、健忘、失眠等症。

耳聋胶囊：清肝泻火，利湿通窍。用于上焦湿热，头晕头痛，耳聋耳鸣，耳内流脓。

追风壮骨膏：追风散寒，活血止痛。用于风寒湿痹，肩背疼痛，腰酸腿软，筋脉拘挛，四肢麻木，关节酸痛，筋骨无力，行步艰难。

三叶木通

Akebia trifoliata (Thunb.) Koidz.

木通科（Lardizabalaceae）木通属落叶木质藤本。

小叶3，卵形或阔卵形，中央小叶较大，边缘有明显波状浅圆齿。雄花淡紫色，生在花序上部，较小；雌花红褐色，心皮分离。浆果长可达10厘米，稍弯曲，肉质，成熟时略带紫色。花期4～6月，果期7～9月。

广布于山坡灌丛中和沟边。 果可食用。

该种根、茎和果均入药，有利尿、通乳、舒筋活络之效，治风湿关节痛；果也可食及酿酒；种子可榨油。其他参见木通。

【入药部位及性味功效】

参见木通。

【经方验方应用例证】

参见木通。

【中成药应用例证】

参见木通。

大血藤

Sargentodoxa cuneata (Oliv.) Rehd. et Wils.

木通科（Lardizabalaceae）大血藤属落叶大型木质藤本。

三出复叶，互生，有长柄，无托叶。雌雄同株，总状花序下垂；花萼片6，两轮，每轮3枚，覆瓦状排列，绿色，花瓣状；花瓣6，绿色小鳞片状；雄花雄蕊6枚，与花瓣对生，退化雌蕊4～5；雌花心皮多数，螺旋状生于突起花托上。果为聚合果，卵形，果托和多个着生在果托上的球形、肉质、有柄的小浆果组成。花期4～5月，果期6～9月。

常生于疏林及沟边灌丛种，多缠绕在其他木本植物上生长。

大血藤之名始见于罗思举的《简易草药》。《本草图经》云："血藤生信州，叶如蘡薁叶，根如大拇指，其色黄，五月采。"

【入药部位及性味功效】

大血藤，又称血藤、过山龙、红藤、千年健、血竭、见血飞、血通、大活血、黄省藤、红血藤、血木通、五花血藤、血灌肠、花血藤、赤沙藤、山红藤、活血藤，为植物大血藤的藤茎。8～9月采收，除去侧枝，洗净，截段，长约30～60厘米，或切片，晒干。味苦，性平。

归大肠、肝经。解毒消痈，活血止痛，祛风除湿，杀虫。主治肠痈，痢疾，乳痈，痛经，虫积腹痛，经闭，跌扑肿痛，风湿痹痛。

【经方验方应用例证】

治胃炎腹痛：大血藤9～15克，水煎服。(《浙江民间常用草药》)

治痛经：大血藤、益母草、龙牙草各9～15克，水煎服。(《浙江药用植物志》)

治灼伤：大血藤、金樱子根各500克，水煎成500毫升，湿敷创面，促使创面清洁、加速愈合。(《新医药资料》)

金刚活血酒：通经活络，祛风止痛。主治扭、挫伤和风湿痛患者。(《古今名方》引《张天乐十二秘方制药经验》)

劳伤药酒：跌打损伤腰部痛。[《全国中药成药处方集》(重庆方)]

【中成药应用例证】

三七药酒：舒筋活络，散瘀镇痛，祛风除湿，强筋壮骨。用于跌打损伤，风湿骨痛，四肢麻木。

三蛇药酒：祛风除湿，通经活络。用于风寒湿痹，手足麻木，筋骨疼痛，腰膝无力等症。

伤湿镇痛膏：祛风除湿，活血镇痛。用于筋骨、肌肉、关节酸痛。

双金胃疡胶囊：疏肝理气，健胃止痛，收敛止血。用于肝胃气滞血瘀所致的胃脘刺痛，呕吐吞酸，脘腹胀痛；胃及十二指肠溃疡见上述证候者亦可应用。

复方伸筋胶囊：清热除湿，活血通络。用于湿热瘀阻所致痛风引起的关节红肿，热痛，屈伸不利等症。

复方血藤药酒：活血化瘀、通络止痛。用于闭合性软组织损伤等。

妇乐胶囊：清热凉血，化瘀止痛。用于瘀热蕴结所致的带下病，症见带下量多，色黄，少腹疼痛；慢性盆腔炎见上述证候者亦可应用。

清浊祛毒丸：清热解毒，利湿去浊。用于湿热下注所致尿频，尿急，尿痛等。

【现代临床应用】

大血藤用于治疗急性阑尾炎、瘤型麻风结节反应、早期急性乳腺炎。

风龙

Sinomenium acutum (Thunb.) Rehd. et Wils.

防己科（Menispermaceae）风龙属多年生落叶木质藤本。

皮黑褐色，小枝青色。叶卵形或宽卵形，基部圆形或心形。圆锥花序腋生，雄花雄蕊8～12，雌花退化雄蕊9，心皮3。核果黑色或紫色，表面有一层白粉霜。花期6～8月，果期8～10月。

常生于山坡路旁灌丛和沟边草丛中。

青藤之名见于《本草纲目》"青风藤"条释名项下，青风藤始见于《本草图经》。当今所用青藤多为房己科青藤之藤茎。

【入药部位及性味功效】

青藤，又称寻风藤、清风藤、滇防己、大青木香、大青藤、岩见愁、排风藤、过山龙、羊雀木、鼓藤、豆荚藤、追骨风、爬地枫、毛防己、青防己、风龙、苦藤、黑防己、吹风散、追骨散、土藤，为植物风龙（青藤）、毛青藤的藤茎。6～7月割取藤茎，除去细茎枝和叶，晒干，或用水润透，切段，晒干。味苦、辛，性平。归肝、脾经。祛风通络，除湿止痛。主治风湿痹痛，历节风，鹤膝风，脚气肿痛。

【经方验方应用例证】

登瀛散：主治远年梅疮，风漏，或筋骨疼痛，或近日初起。(《杏苑》)

呼脓长肉膏：治痛疽，发背，疔疖等毒。(《万氏家抄方》)

龙虎卫生膏：治一切恶疮，顽癣，痔漏多年，病久不能料理者。(《遵生八笺》)

狗皮膏：治腰痛，腿痛，臂痛。[《全国中药成药处方集》(济南方)]

虎骨膏：散风止痛，舒筋活络。主治腰腿疼痛，筋脉拘挛，四肢麻木，行步艰难。(《北京市中药成方选集》)

虎骨熊油膏：祛风散寒，通窍止痛。主治筋骨疼痛，麻痹不仁，症瘕腹痛，四肢拘挛，肩背风湿，腰腿寒痛。[《全国中药成药处方集》(沈阳方)]

活血风寒膏：祛风散寒，舒筋活血，止痛。主治跌扑损伤，肿痛，以及风寒湿痹，腰腿酸痛。(《上海市药品标准》)

皂角苦参丸：治粟疮作痒，年深日久，肤如蛇皮者。(《医宗金鉴》)

【中成药应用例证】

桂龙药膏：祛风除湿，舒筋活络，温肾补血。用于风湿骨痛，慢性腰腿痛，肾阳不足、气血亏虚引起的贫血，失眠多梦，气短，心悸，多汗，厌食，腹胀，尿频等症。

五加皮酒：舒筋活血，除湿祛风。用于风湿痹痛，手足痉挛，四肢麻木，腰膝酸痛。

寒痹停片(寒苦乃停片)：温经通络，散寒止痛。用于寒痹症。

川花止痛膜：活血化瘀，散寒止痛。用于风湿痛，跌打损伤痛，骨质增生，颈椎病，肩周炎，腰肌劳损等引起的疼痛。

痛安注射液：通络止痛。适用于放化疗的肺癌、肝癌、胃癌等肿瘤属血瘀引发的癌性中度疼痛。

痹克颗粒：清热除湿，活血止痛。用于痹病湿热痹阻、瘀血阻络证所致的肌肉、关节肿痛；类风湿性关节炎见以上证候者亦可应用。

通络骨质宁膏：祛风除湿，活血化瘀。用于骨质增生，关节痹痛。

金不换膏：祛风散寒，活血止痛。用于风寒湿邪，闭阻经络引起的肢体麻木，腰腿疼痛，寒疝偏坠，跌打损伤，闪腰岔气。

【现代临床应用】

青藤用于治疗类风湿性关节炎、心律失常。

木防己

Cocculus orbiculatus (L.) DC.

防己科（Menispermaceae）木防己属多年生木质藤本。

小枝被茸毛至疏柔毛，叶片纸质至近革质，形状变异极大，边全缘至掌状5裂不等；掌状脉的侧脉不达叶片中部即消失。聚伞花序具少花，腋生，或具多花组成窄聚伞圆锥花序，顶生或腋生；雄花具2或1小苞片，萼片6，花瓣6，雄蕊6；雌花萼片及花瓣与雄花相同，退化雄蕊6，心皮6。

大别山各县市均有分布，生于山坡、丘陵地带的草丛及灌木林边缘。

"木防己"之名始载于《伤寒论》。《新修本草》曰："防己本出汉中者，作车辐解，黄实而香，其清白虚软者名木防己。"所言木防己，品种难考，可能系指马兜铃科的汉中防己，非防己科植物，因后者根外皮黑褐，断面无车辐状纹理，与之不符。现代大量使用的防己科防己，在历代本草中无明确记载。《本草纲目》对木防己虽无新说，但附图类似本品。小野兰山《本草纲目启蒙》之木防己明确为本品。

【入药部位及性味功效】

木防己，又称土木香、牛木香、金锁匙、紫背金锁匙、百解薯、青藤根、钻龙骨、青檀香、白木香、银锁匙、板南根、白山番薯、青藤仔、千斤坠、圆藤根、倒地铃、穿山龙、盘古风、乌龙、大防己、蓝田防己，为植物木防己和毛木防己的根。春、秋两季采挖，以秋季采收质量较好，挖取根部，除去茎、叶、芦头，洗净，晒干。味苦、辛，性寒。归膀胱、肾、脾、肺经。祛风除湿，通经活络，解毒消肿。主治风湿痹痛，水肿，小便淋痛，闭经，跌打损伤，咽喉肿痛，疮疡肿毒，湿疹，毒蛇咬伤。

小青藤，又称青藤香、马哥罗、小一支箭、过山龙、股藤、家同藤、野牵牛、毛风藤、石板藤、老鼠藤、风藤、小股藤、牛串子，为植物木防己的茎。秋、冬季采收，除去杂质，刮去粗皮，洗净，切段，晒干。味苦，性平。祛风除湿，调气止痛，利水消肿。主治风湿痹痛，跌打损伤，胃痛，腹痛，水肿，淋证。

木防己花，为植物木防己的花。5～6月采收，鲜用或阴干、晒干用。解毒化痰。主治慢性骨髓炎。

【经方验方应用例证】

治风湿痛、肋间神经痛：木防己、牛膝各15克，水煎服。(《浙江药用植物志》)

治肾炎水肿、尿路感染：木防己9～15克，车前子30克，水煎服。(《浙江药用植物志》)

治鼻咽癌：鲜木防己、鲜野荞麦、鲜土牛膝各30克，水煎服。(《青岛中草药手册》)

治中耳炎：木防己根用白酒磨浓汁滴耳内。(《青岛中草药手册》)

治筋骨疼痛：木防己茎12～30克，水煎服。(《湖南药物志》)

治淋病：木防己茎15～30克，水煎服。(《湖南药物志》)

治慢性骨髓炎：鲜木防己花30克，母鸡1只去肠杂，同煎煮，吃肉喝汤，每周1剂，连服数剂。(《安徽中草药》)

二加减正气散：芳香化湿，宣通经络。主治湿郁三焦，脘腹胀满，大便溏薄，身体疼痛，舌苔白，脉象模糊者。(《温病条辨》)

防己桂枝汤：主治寒湿鹤膝初起，肿痛按之不热者。(《马培之医案》)

防己散：主治消渴，肌肤羸瘦，或转筋不能自止，小便不禁。(《千金翼》)

【中成药应用例证】

罗浮山百草油：祛风解毒，消肿止痛，提神醒脑。用于感冒头痛，虫蚊咬伤，无名肿毒，舟车眩晕。

【现代临床应用】

木防己用于治疗痛证，对各种神经痛、肌肉痛以及胃痛、月经痛、产后痛，均有良好效果；还可治疗热痹。

红茴香

Illicium henryi Diels.

五味子科（Schisandraceae）八角属常绿灌木或小乔木。

树皮和老枝呈灰褐色。叶互生或2～5簇生枝顶，革质，叶边缘稍向下反卷，叶柄带紫红色。花粉红色，单生或2～3朵簇生；心皮7～9；花梗细长。蓇葖成熟时红色，种子黄色。花期4～6月，果期8～10月。

常见于大别山各地海拔300米以上山坡丛林中或林缘沟边。

国家二级保护植物，野生资源稀少，人工栽培困难。在-12℃下不受冻害，不耐旱，叶果均含芳香油，根和根皮可入药。

【入药部位及性味功效】

红茴香根，又称红毒茴根，为植物红茴香的根或根皮。全年均可采挖，洗净，晒干，或切成小段，晒至半干，剖开皮部，去木质部，取根皮用，晒干。味辛、甘，性温。有毒。归肝经。活血止痛，祛风除湿。用于跌打损伤，风寒湿痹，腰腿痛。

【经方验方应用例证】

治痈疮肿毒：根皮适量研细末，糯米饭捣烂，共调和敷患处，干则更换。（《安徽中草药》）

治风湿性关节炎：本品6克，常春藤30克，水煎服。(《四川中药志》)

治腰肌劳损：本品6克，金毛狗脊30克，水煎服。(《全国中草药汇编》)

治内伤腰痛：根皮研细末。早晚各服0.9克，黄酒冲服。(《安徽中草药》)

【中成药应用例证】

神州跌打丸：消肿止痛，舒筋活络，止血生肌，活血祛风。用于挫伤筋骨，新旧瘀患，创伤出血，风湿疼痛。

红茴香注射液：消肿散瘀，活血止痛。用于腰肌劳损，关节或肌肉韧带伤痛及风湿痛等。

南五味子

Kadsura longipedunculata Finet et Gagnep.

五味子科（Schisandraceae）冷饭藤属木质藤本植物。

叶薄革质，长圆状披针形，边缘上半部有稀疏小锯齿，侧脉5～7对。花单生于叶腋，雌雄异株；花被片白色或淡黄色，雄花花药红色，雌花心皮集成球形，柱头白色圆盘形。果梗长3～17厘米，浆果肉质，熟时红色。花期6～9月，果期9～12月。

常见于大别山各地海拔1000米以下的山坡林下或沟边。

红木香始载于《本草纲目拾遗》。南五味子枝叶繁茂，夏季花开具有香味，秋季聚合果红色鲜艳，具有较高的观赏价值，是庭园和公园垂直绿化的良好树种。

果实味甜，可食用。

【入药部位及性味功效】

红木香，又称金皮、金谷香、紧骨香、木腊、广福藤、内风消、冷饭包、大活血、小血藤、大红袍、内红消、小钻、钻骨风、紫金藤、香藤根、过山龙，为植物南五味子的根或根皮。立冬前后采挖，去净残茎、细根及泥土，晒干，或剥取根皮，晒干。味辛、苦，性温。归肝、脾、胃经。理气止痛，祛风通络，活血消肿。主治胃痛，腹痛，风湿痹痛，痛经，月经不调，咽喉肿痛，产后腹痛，痔疮，跌打损伤，无名肿毒等。

【经方验方应用例证】

治胃、十二指肠溃疡：南五味子根研末，每日6～9克，开水冲服。(《全国中草药汇编》)

治痛经：红木香根15克，香附9克，红花3克，水煎服，每日1剂。(《民间常用草药》)

当归赤芍汤：主治赤痢腹痛，里急后重，乃湿热伤于小肠血分。(《镐京直指》)

经验秦艽汤：主治痧症。(《痧症旨微集》)

棱莪散：祛瘀行气。主治肝气日久，脾土受戕，气竭伤血，血瘀阻气，胀而转肿，腹中常痛，脉弦细涩，大便滞塞，及症瘕胀病。(《镐京直指》)

【中成药应用例证】

蛇伤散：解蛇毒，利尿，消肿，通关开窍。用于各种毒蛇咬伤。

止泻颗粒：清热解毒，燥湿导滞，理气止痛。用于急性肠胃炎，止呕止泻，退热止痛。

五酯片：能降低血清谷丙转氨酶。可用于慢性、迁延性肝炎谷丙转氨酶升高者。

五子衍宗软胶囊：补肾益精。用于肾虚精亏所致的阳痿不育，遗精早泄，腰痛，尿后余沥。

楤木胃痛颗粒：理气和胃，清热止痛。用于胃炎、胃及十二指肠溃疡引起的疼痛和隐性出血，属气滞血瘀、胃中积热证者。

胜红清热胶囊：清热解毒、理气止痛、化瘀散结。用于湿热下注、气滞血瘀慢性盆腔炎见有腹部疼痛者。

黄萱益肝散：清热解毒，疏肝利胆。用于肝胆湿热所致的慢性乙型肝炎。

【现代临床应用】

红木香用于治病毒性肝炎、烧伤。

华中五味子

Schisandra sphenanthera Rehd. et Wils.

五味子科（Schisandraceae）五味子属落叶木质藤本。

老枝灰褐色，小枝紫红色。叶纸质，倒卵形，两面绿色。花生于近基部叶腋，花被片5～9，橙黄色，雌雄异株，雄花有雄蕊11～19，花丝短基部连合，雌花心皮30～50。小浆果熟时鲜红色，光滑。花期4～6月，果期6～10月。

大别山各县市海拔600米以上的密林下或灌丛中多有分布。

五味子始载于《神农本草经》。《本草纲目》云："五味今有南北之分，南产者色红，北产者色黑，入滋补药必用北产者乃良。"

【入药部位及性味功效】

五味子，又称菋、茎藸、玄及、会及、五梅子、山花椒，为植物华中五味子、五味子的果实，分别习称"南五味子"和"北五味子"。栽后4～5年结果，8～10月果实呈紫红色时，随熟随收，晒干或阴干。遇雨天可用微火炕干。味酸、甘，性温。归肺、心、肾经。收敛固涩，益气生津，补肾宁心。用于久咳虚喘，梦遗滑精，遗尿尿频，久泻不止，自汗盗汗，津伤口渴，内热消渴，心悸失眠。

【经方验方应用例证】

人参五味子汤：健脾益气。主治久咳脾虚，中气怯弱，面白唇白者。(《幼幼集成》)

回阳救急汤：主治寒邪直中三阴，真阳衰微证。症见四肢厥冷，神衰欲寐，恶寒蜷卧，吐泻腹痛，口不渴，甚则身寒战栗，或指甲口唇青紫，或吐涎沫，舌淡苔白，脉沉微，甚或无脉。本方也常用于急性胃肠炎吐泻过多、休克、心力衰竭等属亡阳欲脱者。(《伤寒六书》)

治阳痿不起：五味子、菟丝子、蛇床子各等分，上三味末之，蜜丸如梧子。饮服三丸，日三。(《千金要方》)

小青龙汤：主治外寒里饮证。症见恶寒发热，头身疼痛，无汗，喘咳，痰涎清稀而量多，胸痞，或干呕，或痰饮喘咳，不得平卧，或身体疼重，头面四肢浮肿，舌苔白滑，脉浮。本方也常用于支气管炎、支气管哮喘、肺炎、百日咳、肺心病、过敏性鼻炎、卡他性眼炎、卡他性中耳炎等属于外寒里饮证者。(《伤寒论》)

益阴汤：养阴敛汗。主治阴虚有热，寐中盗汗。(《类证治裁》)

耳聋左慈丸：滋肾平肝。主治肝肾阴虚，耳鸣耳聋，头晕目眩。(《重订广温热论》)

【中成药应用例证】

七味糖脉舒胶囊：补气滋阴，生津止渴。用于气阴不足所致的消渴，症见口渴消瘦，疲乏无力。2型糖尿病见上述证候者亦可应用。

五子衍宗软胶囊：补肾益精。用于肾虚精亏所致的阳痿不育，遗精早泄，腰痛，尿后余沥。

五酯胶囊：华中五味子的醇浸膏制成的胶囊，能降低血清谷丙转氨酶。可用于慢性、迁延性肝炎谷丙转氨酶升高者。

健脾生血颗粒：健脾和胃，养血安神。用于小儿脾胃虚弱及心脾两虚型缺铁性贫血，成人气血两虚型缺铁性贫血，症见面色萎黄，食少纳呆，腹胀纳呆，腹胀脘闷，大便不调，烦躁多汗，倦怠乏力，舌胖色淡，苔薄白，脉细弱等。

参芪五味子颗粒：健脾益气，宁心安神。用于气血不足、心脾两虚所致的失眠、多梦、健忘、乏力、心悸、气短、自汗。

消渴康颗粒：清热养阴，生津止渴。用于Ⅱ型糖尿病阴虚热盛型，症见口渴喜饮，消谷易饥，小便频数，急躁易怒，怕热心烦，大便干结等。

复方北五味子片：敛肺补肾，养心安神。用于失眠，心悸，自汗，盗汗等症。

养肝还睛丸：平肝息风，养肝明目。用于阴虚肝旺所致视物模糊，畏光流泪，瞳仁散大。

五味子片：收敛固涩，益气生津，补肾宁心。用于心肾不足所致的心悸失眠，自汗盗汗，梦遗滑精；神经衰弱见上述症状者亦可应用。

厚朴

Houpoea officinalis (Rehder & E. H. Wilson) N. H. Xia & C. Y. Wu

木兰科（Magnoliaceae）厚朴属落叶乔木。

叶大，近革质，7～9片聚生于枝端，椭圆状倒卵形，先端圆钝，而后凹缺或不凹缺。花后叶开放，花被片9～12（17），外轮3片淡绿色，内两轮白色。聚合果长圆状卵形，花期5～6月，果期8～10月。

大别山各地市海拔300米以上的林中。多栽培于山麓和村舍附近。

国家二级保护野生植物。

厚朴始载于《神农本草经》。《说文解字》:“朴，木皮。”颜师古注《汉书 · 司马相如传》云 :“此药（厚朴）以皮为用，而皮厚，故名厚朴。”重皮，犹言厚皮，《说文解字》:“重，厚也。”其味辛烈而色紫赤，故有烈朴、赤朴之名。陶弘景云 :“出建平、宜都（今四川东部、湖北西部），极厚，肉紫色为好。”与四川、湖北生产的厚朴紫色而油润是一致的，是厚朴的正品。古代厚朴的原植物除了厚朴外，尚有同科其他植物的树皮也作厚朴药用。李时珍在《本草纲目》中记载的朴树并非木兰科植物厚朴。

【入药部位及性味功效】

厚朴果，又称逐折、百合、厚实、厚朴实，为植物厚朴的果实。9～10月采摘果实，去梗，晒干。味甘，性温。消食，理气，散结。主治消化不良，胸脘胀闷，鼠瘘。

厚朴，又称厚皮、重皮、赤朴、烈朴、川朴、紫油厚朴，为植物厚朴、庐山厚朴的树皮、根皮及枝皮。定植20年以上即可砍树剥皮，宜在4～8月生长盛期进行。根皮和枝皮直接阴干或卷筒后干燥，称根朴和枝朴，干皮可环剥或条剥后，卷筒置沸水中烫软后，埋置阴湿处

“发汗”。待皮内侧或横断面都变成紫褐色或棕褐色，并出现油润或光泽时，将每段树皮卷成双筒，用竹篾扎紧，削齐两端，爆晒干即可。味苦、辛，性温。归脾、胃、大肠经。行气消积，燥湿除满，降逆平喘。主治湿滞伤中，脘痞吐泻，食积气滞，腹胀便秘，痰满喘咳。

厚朴花，又称调羹花，为植物厚朴、庐山厚朴的花蕾。春末夏初采收含苞待放的花蕾，置蒸笼中蒸至上气后约10分钟取出，晒干或用文火烘干。也可直接用文火烘干或晒干。味辛、苦，性微温。归脾、肝、胃经。开郁化湿，理气宽中。主治脾肝胃湿阻气滞，胸脘痞闷胀满，纳谷不香。

【经方验方应用例证】

复方大承气汤：通里攻下，行气活血。用于单纯性肠梗阻属于阳明腑实而气胀较明显者。(《中西医结合治疗急腹症》)

麻子仁丸（又名脾约麻仁丸、脾约丸）：润肠泄热，行气通便。用于肠胃燥热，津液不足，大便干结，小便频数。本方常用于虚人及老人肠燥便秘、习惯性便秘、产后便秘、痔疮术后便秘等属胃肠燥热者。(《伤寒论》)

达原饮：开达膜原，辟秽化浊。本方常用于疟疾、流行性感冒、病毒性脑炎属温热疫毒伏于膜原者。(《温疫论》)

藿朴夏苓汤：理气化湿，疏表和中。(《重订广温热论》)

万灵膏：活血化瘀，消肿止痛。(《万氏家抄方》)

【中成药应用例证】

九华痔疮栓：消肿化瘀，生肌止血，清热止痛。用于各种类型的痔疮、肛裂等肛门疾患。

养胃片：健胃消食，助气止痛。用于胃肠衰弱，消化不良，胸膈满闷，腹痛呕吐，肠鸣泄泻。

保济丸（浓缩丸）：解表，祛湿，和中。用于腹痛吐泻，噎食嗳酸，恶心呕吐，肠胃不适，消化不良，舟车晕眩，四时感冒，发热头痛。

健脾养胃颗粒：健脾消食，止泻利尿。用于胃肠衰弱，消化不良，呕吐便泻，腹胀腹痛，小便不利，面黄肌瘦。

儿泻止颗粒：清热解毒，健脾和胃，燥湿止泻。用于小儿急、慢性腹泻，肠炎，及痢疾恢复期。

望春玉兰

Yulania biondii (Pamp.) D. L. Fu

木兰科（Magnoliaceae）玉兰属落叶乔木。

树皮淡灰色，光滑；叶纸质，长圆状披针形，先端急尖，基部阔楔形。花先叶开放；花梗顶端膨大，具3苞片脱落痕；花被9，外轮3片紫红色，长约1厘米，中内两轮白色，外面基部常紫红色，长4～5厘米。聚合果常因部分不育而扭曲。花期3月，果熟期9月。

英山县海拔600米以上的山林间有分布。部分县市亦有栽培。

辛夷始载于《神农本草经》，列为木部上品。《本草纲目》："夷者，荑也。其苞初生如荑（草木始生之芽）而味辛也。"故名辛夷。《本草拾遗》："辛夷花未发时，苞如小桃子，有毛，故名侯桃。初发如笔状，北人呼为木笔。其花最早，南人呼为迎春。"古代辛夷来源不止一种，但均为木兰科木兰属植物。《中华人民共和国药典》（一部）1995年版规定，以望春玉兰、玉兰、武当玉兰三种为辛夷的正品。

【入药部位及性味功效】

辛夷，又称辛矧、侯桃、房木、辛雉、迎春、木笔花、毛辛夷、姜朴花，为植物望春玉兰的花蕾。冬末春初花未开放时采收，除去枝梗，阴干。味辛，性温。归肺、胃经。散风寒，通鼻窍。用于风寒头痛，鼻塞流涕，鼻鼽，鼻渊。

花蕾作辛夷入药的同属植物尚有罗田玉兰、凹叶玉兰、西康玉兰、紫玉兰、滇藏木兰等。

【经方验方应用例证】

苍耳子散：疏风邪，通鼻窍。主治风邪上攻，致成鼻渊，鼻流浊涕不止，前额疼痛。现用于慢性鼻炎、副鼻窦炎见有上述症状者。（《严氏济生方》）

辛夷清肺饮：疏风清肺。主治风热郁滞肺经，致生鼻痔，鼻内息肉，初如榴子，渐大下垂，闭塞鼻孔，气不宣通者。（《外科正宗》）

二参三子方：滋阴清热，益气利咽。主治阴液亏损，邪毒未尽。（《肿瘤良方大全》）

防风膏：能令面光润。临卧涂面上，旦起以温水洗去。避风、日妙。（《圣济总录》）

感冒汤2号：辛温解表。主治风寒型感冒，症见恶寒或微发热，无汗，头痛，周身骨节酸痛，鼻塞，流清涕，舌苔薄白，脉浮紧。（《临证医案医方》）

健脾阳和膏：温运脾阳。主治脾胃病。（《慈禧光绪医方选议》）

救脑汤：祛风散寒，止痛养血。治头痛连脑，双目赤红，如破如裂。（《辨证录》）

银翘辛夷汤：散风清热解毒。治鼻渊，症见风热上乘，肺失宣利，热毒壅盛，熏蒸鼻窍，鼻流浊涕或黄脓涕，腥臭气秽，黏稠不易擤出，鼻塞不通，嗅觉不灵，头疼昏胀，眉棱骨痛，或发热微恶寒，舌质红苔黄，脉浮数。（《中医内科临床治疗学》）

【中成药应用例证】

五香伤膏：祛风散寒，散瘀消肿。用于气血凝滞，肢节酸疼，腰酸麻木，跌打损伤。

伤风净喷雾剂：疏风解表，清热通窍。用于感冒引起的鼻塞、流涕。

六经头痛片：疏风活络，止痛利窍。用于全头痛、偏头痛及局部头痛。

外用万应膏：活血镇痛。用于跌打损伤，负重闪腰，筋骨疼痛，足膝拘挛。

清热醒脑灵片：清热解毒，开窍醒脑，息风安神。用于脑炎、高血压及各种高烧。

辛芳鼻炎胶囊：发表散风，清热解毒，宣肺通窍。用于慢性鼻炎，鼻窦炎。

【现代临床应用】

辛夷花用于治疗鼻炎及鼻窦炎。

紫玉兰

Yulania liliiflora (Desrousseaux) D. L. Fu

木兰科（Magnoliaceae）玉兰属落叶灌木。

常丛生，树皮灰褐色，小枝绿紫色或淡褐紫色。叶椭圆状倒卵形。花叶同时开放；花被片9～12，外轮3片萼片状，紫绿色，常早落，内两轮肉质，外面紫红色，内面带白色。聚合果深紫褐色，圆柱形；成熟蓇葖近圆球形，顶端具短喙。花期3～4月，果期8～9月。

常生于海拔300米以上的山坡林缘。大别山各县市均有栽培。

紫玉兰不易移植和养护，是非常珍贵的花木，其树皮、叶、花蕾均可入药；花蕾晒干后称辛夷，气香、味辛辣，含柠檬醛，丁香油酚、桉油精为主的挥发油，主治鼻炎、头痛，作镇痛消炎剂，为中国二千多年传统中药，亦作玉兰、白兰等木兰科植物的嫁接砧木。

紫玉兰列入《世界自然保护联盟》(IUCN) ver 3.2：2009年植物红色名录。

其他参见望春玉兰。

【入药部位及性味功效】

参见望春玉兰。

该植物为《本草衍义》所记载的辛夷，质量甚佳。由于本种为灌木，多供观赏用。

【经方验方应用例证】

参见望春玉兰。

【中成药应用例证】

参见望春玉兰。

【现代临床应用】

参见望春玉兰。

罗田玉兰

Yulania pilocarpa (Z. Z. Zhao et Z. W. Xie) D. L. Fu

木兰科（Magnoliaceae）玉兰属落叶乔木。

树皮灰褐色；叶纸质，倒卵形或宽倒卵形，先端宽圆稍凹缺，具短急尖，基部楔形或宽楔形。花先叶开放，花蕾卵圆形，花被片9，外轮3片黄绿色，膜质，萼片状，锐三角形，长1.7～3厘米，内两轮6片，白色，长7～10厘米，宽3～5厘米。心皮被短柔毛。聚合果圆柱形，残存有毛。花期3～4月，果期9月。

罗田、英山、麻城、红安、浠水、团风均有分布。生于海拔500米以上的林间。模式标本采自湖北罗田。

罗田玉兰是1987年从药用辛夷中发现的一个新品种，也是以鄂东地区地名命名的大别山地区特有种，兼具药用和园林观赏价值。一直以来，该品种知之者甚少，被当作普通辛夷。

其它参见望春玉兰。

【入药部位及性味功效】

参见望春玉兰。

【经方验方应用例证】

参见望春玉兰。

【中成药应用例证】

参见望春玉兰。

【现代临床应用】

参见望春玉兰。

樟

Cinnamomum camphora (L.) Presl

樟科（Lauraceae）樟属常绿乔木。

树皮黄褐色，不规则纵裂。叶长6～12厘米，具离基三出脉，脉腋有腺窝，叶柄长2～3厘米。果卵圆形，直径6～8毫米，紫黑色；果托杯状，高约5毫米。花期4～5月，果期8～11月。

大别山各县市均有分布，分布于山坡或沟谷中。常做绿化树种栽培。

国家二级重点保护野生植物。

李时珍云："其木理多文章，故谓之樟。"夏玮瑛认为不然，当取其有香气的意思。各有其理，故二说并存。

按"脑"取其精髓之义，由樟木蒸馏制成的白色结晶名为樟脑、树脑。古代主产韶州、潮州，故又名韶脑、潮脑。

【入药部位及性味功效】

樟木，又称樟材、香樟木、吹风散，为植物樟的木材。定植5～6年成材后，通常于冬季砍收树干，锯段，劈成小块，晒干。味辛，性温。归肝、脾经。祛风散寒，温中理气，活血通络。主治风寒感冒，胃寒胀痛，寒湿吐泻，风湿痹痛，脚气，跌打损伤，疮癣风痒。

樟树皮，又称香樟树皮、樟皮、樟木皮，为植物樟的树皮。全年可采，剥取树皮，切段，鲜用或晒干。味辛、苦，性温。祛风除湿，暖胃和中，杀虫疗疮。主治风湿痹痛，胃脘疼痛，呕吐泄泻，脚气肿痛，跌打损伤，疥癣疮毒，毒虫螫伤。

樟树叶，又称樟叶，为植物樟的叶或枝叶。3月下旬以前及5月上旬后含油多时采，鲜用或晾干。味辛，性温。祛风，除湿，杀虫，解毒。主治风湿痹痛，胃痛，水火烫伤，疮疡肿毒，慢性下肢溃疡，疥癣，皮肤瘙痒，毒虫咬伤。

樟木子，又称樟扣、樟子、樟木蔻、樟树果，为植物樟的成熟果实。11～12月采收成熟果实，晒干。味辛，性温。祛风散寒，温胃和中，理气止痛。主治脘腹冷痛，寒湿吐泻，气滞腹胀，脚气。

香樟根，又称香通、土沉香、山沉香、走马胎，为植物樟的根。春秋季采挖，洗净，切片，晒干。不宜火烘，以免香气挥发。味辛，性温。归肝、脾经。温中止痛，辟秽和中，祛风除湿。主治胃脘疼痛，霍乱吐泻，风湿痹痛，皮肤瘙痒。

樟梨子，又称樟梨、香樟子、樟树梨，为植物樟的病态果实。秋、冬季采摘或拾取自落果梨，除去果梗，晒干。味辛，性温。健胃温中，行气止痛。主治胃寒脘腹疼痛，食滞腹胀，呕吐腹泻。外用治疮肿。

樟脑，又称韶脑、潮脑、脑子、油脑、树脑，为植物樟的根、干、枝、叶经蒸馏精制而成的颗粒状物。一般在9～12月砍伐老树，取其树根、树干、树枝、树叶，成碎片，蒸馏，其中樟脑及挥发油随蒸气溜出，冷却后即得粗制樟脑。再经过升华精制，即得精制樟脑粉。将其入模型中压榨，则成透明的樟脑块。密闭放干燥处。以生长50年以上的老树，产量最丰，幼嫩枝叶，含脑少，产量低。味辛，性热，小毒。归心、脾经。通关窍，利滞气，辟秽浊，杀虫止痒，消肿止痛。主治热病神昏，中恶猝倒，痧胀吐泻腹痛，寒湿脚气，疥疮顽癣，秃疮，冻疮，臁疮，水火烫伤，跌打伤痛，牙痛，风火赤眼。

【经方验方应用例证】

治寒湿脚气：樟木子配千斤拔、牛大力、走马风，煎水外洗。(《广东中药》)

淋熨虎骨汤：主治伤折后，脚膝腰胯被冷风攻击，疼痛不得行走。(《圣惠》)

拔毒膏：拔毒消肿，化腐生肌。主治痈毒疮疖，红肿疼痛，已溃未溃，久不生肌。(《北京市中药成方选集》)

白膏药：生肌。主治跌打或刀斧所伤，外伤出血；疮毒。(《回春》)

白玉膏：主治一切疮、痱疮。(《奇方类编》)

逼瘟丹：主治瘟疫。(《鲁府禁方》)

大红朱砂膏：主治疔疮、痈毒，对口，发背，一切无名恶毒。(《集验良方》)

【中成药应用例证】

复方缬草牙痛酊：活血散瘀，消肿止痛。用于牙龈炎、龋齿引起的牙痛或牙龈肿痛。

酸痛喷雾剂：舒筋活络，祛风定痛。用于扭伤，劳累损伤，筋骨酸痛等症。

镇痛活络酊：舒筋活络，祛风定痛，用于急慢性软组织损伤、关节炎、肩周炎、颈椎病、骨质增生、坐骨神经痛及劳累损伤等筋骨酸痛症。

复方伸筋胶囊：清热除湿，活血通络。用于湿热瘀阻所致痛风引起的关节红肿，热痛，屈伸不利等症。

复方南星止痛膏：散寒除湿、活血止痛。用于骨性关节炎属寒湿瘀阻证，症见关节疼痛，肿胀，功能障碍，遇寒加重，舌质暗淡或瘀斑。

二十五味阿魏胶囊：祛风镇静。用于五脏六腑的隆病，肌肤、筋腱、骨头的隆病，维命隆等内外一切隆病。

冠心膏：活血化瘀、行气止痛。用于冠心病、心绞痛的预防和治疗。

珍黄胃片：芳香健胃，行气止痛，止血生肌。用于气滞血瘀、湿浊中阻所致的胃烷胀痛、纳差吞酸等症及消化性溃疡、慢性胃炎。

乌药

Lindera aggregata (Sims) Kosterm.

樟科（Lauraceae）山胡椒属常绿小乔木或灌木状。

根纺锤状，褐黄或褐黑色。叶长2.7～5厘米，有时可长达7厘米，宽1.5～4厘米，叶柄长0.5～1厘米。伞形花序腋生，无总梗。果卵圆形或近球形，长0.6～1厘米。花期3～4月，果期5～11月。

大别山各县市均有分布，生于海拔1000米以下的向阳坡地、山谷或疏林灌丛中。

乌药载于宋《开宝本草》。李时珍云："乌以色名。"根色黑褐，故名为乌药。《本草图经》："今台州、雷州、衡州亦有之，以天台者为胜。"故名天台乌药，简称台乌药。李氏又云："其叶状似鳑鲏鲫鱼，故俗呼为鳑鲏树。"旁其，方音讹也。乌药属樟类灌木或小乔木，故又称矮樟。

【入药部位及性味功效】

乌药，又称旁其、天台乌药、鳑鲏、矮樟、矮樟根、铜钱柴、土木香、鲫鱼姜、鸡骨香、白叶柴，为植物乌药的根。冬春季挖根，除去细根，洗净晒干，称为"乌药个"，趁鲜刮去棕色外皮，切片晒干，称"乌药片"。味辛，性温。归肝、肾、脾、膀胱经。行气止痛，温肾散寒。用于寒凝气滞，胸腹胀痛，气逆喘急，膀胱虚冷，遗尿尿频，疝气疼痛，痛经及产后腹痛。

乌药子，为植物乌药的果实，10月采收，除去杂质，晒干。味辛，性温。归脾、肾经。散寒回阳，温中和胃。主治阴毒伤寒，寒性吐泻，疝气腹痛。

乌药叶，为植物乌药的叶，四季采收，鲜用或晒干。味辛，性温。归脾、肾经。温中理气，消肿止痛。主治脘腹冷痛，小便频数，风湿痹痛，跌打损伤，烫伤。

【经方验方应用例证】

治气喘：乌药末、麻黄五合，韭菜绞汁一碗，冲末药服即止，不止再服。（《心医集》）

治声音哑：甘草、桔梗、乌梅、乌药各等分，水煎服。（《仙拈集》回音饮）

治风湿性关节炎，跌打肿痛：乌药鲜叶，捣烂，酒炒，敷患处。（《广西中药志》）

益气导溺汤：益气升清，温阳利尿。（《中医妇科治疗学》）

缩泉丸：温肾祛寒，缩尿止遗。（《魏氏家藏方》）

天台乌药散：行气疏肝，散寒止痛。主治寒凝气滞所致的小肠疝气，少腹痛引睾丸，喜暖畏寒。（《圣济总录》）

避瘟丹：除瘟疫，并散邪气。凡宫舍久无人到，积湿容易侵入，预制此烧之，可远此害。（《济阳纲目》）

和营止痛汤：活血和营止痛，祛瘀生新。主治跌打损伤。（《伤科补要》）

加味乌药汤：活血调经止痛。主治痛经。月经前或月经初行时，少腹胀痛，胀甚于痛，或连胸胁乳房胀痛，舌淡，苔薄白，脉弦紧。（《济阴纲目》）

乌药散：调和乳汁。主治乳母冷热不和，及心腹时痛，或水泻，或乳不好，因以饲儿，致儿心腹疼痛，或时下利。（《小儿药证直诀》）

【中成药应用例证】

三余神曲：疏风解表，调胃理气。用于感受风寒，伤食吐泻，胸腹饱闷，舟车晕吐。

复方制金柑冲剂：疏肝理气，健胃镇痛。用于胃气痛，腹胀，嗳气及胸闷不舒。

丹桂香胶囊：益气温胃，散寒行气，活血止痛。用于脾胃虚寒，气滞血瘀所致的胃脘痞满疼痛、食少纳差、嘈杂嗳气、腹胀；慢性萎缩性胃炎见上述证候者亦可应用。

复方夏枯草膏：清火散结。用于瘿瘤瘰疬，结核作痛。

健胃止痛片：温胃散寒，顺气止痛。用于胃寒，脘腹胀痛。

妇宁胶囊：养血调经，顺气通郁。用于月经不调，腰腹疼痛，赤白带下，精神倦怠，饮食减少。

宽中老蔻丸：舒气开胃，化瘀止痛。用于寒凝气滞所致的胸脘胀闷、胃痛腹痛。

山胡椒

Lindera glauca (Sieb. et Zucc.) Bl.

樟科（Lauraceae）山胡椒属落叶小乔木或灌木。

树皮平滑，灰白色。叶长4～9厘米，宽2～4厘米；叶柄长约2毫米。伞形花序腋生，总梗短或不明显，每总苞有3～8朵花；花梗长约1.2厘米。果球形，黑褐色，直径约7毫米。花期3～4月，果期7～8月。

大别山区常见植物，生于山坡、林缘、路旁。

山胡椒始载于《新修本草》，云："山胡椒，所在有之，似胡椒，颗粒大如黑豆，其色黑。"果实类胡椒，味辛，生山野，遂称山胡椒。《本草纲目》移入味果类。古代本草中所记载的与目前使用的山胡椒一致。

【入药部位及性味功效】

山胡椒，又称山花椒、山龙苍、雷公尖、野胡椒、香叶子、楂子红、臭樟子，为植物山胡椒的果实，秋季熟时采收，晒干。味辛，性温。归肺、胃经。温中散寒，行气止痛，平喘。主治脘腹冷痛，胸满痞闷，哮喘。

山胡椒根，又称牛筋树根、牛筋条根、雷公高、红叶柴、黄金柞，为植物山胡椒的根，秋季采收，晒干。味辛、苦，性温。归肝、胃经。祛风通络，理气活血，利湿消肿，化痰止咳。主治风湿痹痛，跌打损伤，胃脘疼痛，脱力劳损，支气管炎，水肿。外用治疮疡肿痛，水火烫伤。

山胡椒叶，又称见风消、雷公树叶、黄渣叶、铁箍散、洗手叶、雷公叶，为植物山胡椒的叶，秋季采收，晒干或鲜用。味辛、苦，性微寒。解毒消疮，祛风止痛，止痒，止血。主治疮疡肿痛，风湿痹痛，跌打损伤，外伤出血，皮肤瘙痒，蛇虫咬伤。

【经方验方应用例证】

治劳伤过度，浮肿，四肢酸麻，食欲不振：山胡椒根60克，水煎，加红糖服。(《浙江药用植物志》)

治气喘：山胡椒果实60克，猪肺1副。加黄酒，淡味或略加糖炖服。一次吃完。(江西《草药手册》)

治中风不语：山胡椒干果、黄荆子各3克。共捣碎，开水泡服。(《陕西中草药》)

治疮疖：鲜叶适量，加阴行草等量，捣烂外敷。(《浙江药用植物志》)

治外伤出血：叶研粉，麻油调敷；或鲜叶捣烂外敷。(《浙江药用植物志》)

豹皮樟

Litsea coreana var. sinensis (Allen) Yang et P.H. Huang

樟科（Lauraceae）木姜子属常绿灌木或乔木。

树皮灰棕色，有灰黄色的块状剥落。叶革质，长5～10厘米，宽2～3.5厘米，全缘，上面绿色有光泽，下面绿灰白色。果实近球形，直径6～8毫米；果梗粗壮；果初时红色，熟时黑色。花期8～9月，果期次年5月。

英山、罗田等地有分布。生于海拔900米以下山地杂木林中。

始载于《中国植物志》。树皮呈豹纹故名。

【入药部位及性味功效】

豹皮樟，又称扬子木姜子、剥皮枫、花壳柴，为植物豹皮樟的根及茎皮。全年均可采，洗净，晒干。味辛、苦，性温。归胃、脾经。温中止痛，理气行水。主治胃脘胀痛，水肿。

【经方验方应用例证】

加减风灵汤：祛风散寒，除湿通络。主治寒湿风邪阻于筋骨。（江世英方）

山鸡椒

Litsea cubeba (Lour.) Pers.

樟科（Lauraceae）木姜子属落叶小乔木或灌木。

枝、叶芳香，小枝无毛。叶互生，披针形或长圆形，长4～11厘米，侧脉6～10对；叶柄长0.6～2厘米，浅红色。伞形花序单生或簇生。果近球形，直径约5毫米，黑色。花期2～3月，果期7～8月。

大别山区常见野生植物，生于向阳的山地、灌丛、疏林或林中路旁、水边。

以山胡椒之名首载于《滇南本草》。《植物名实图考长编》引《广西通志》云："山胡椒，夏月全州人以代茗饮，大能清暑益气，或以为即荜澄茄。"因山鸡椒果实的性状和气味与胡椒科植物荜澄茄（*Piper cubeba* L.）的果实相似，我国南部以本品作荜澄茄使用已有较长历史，但澄茄子与荜澄茄实为两种不同科属植物的果实，应加以鉴别。

同属植物毛叶木姜子、钝叶木姜子、清香木姜子的果实也作为澄茄子入药。

【入药部位及性味功效】

澄茄子，又称山胡椒、味辣子、山苍子、木姜子、木香子、野胡椒、臭樟子，为植物山鸡椒的果实。7～8月果实刚成熟时采收（季节性很强，果实青色布有白色斑点，用手捻碎有强烈生姜味，为采收适时，尚未完全成熟则水分多，含柠檬醛少，为过早，若成熟后期，果皮转褐色，柠檬醛自然挥发消失，则过迟），连果枝摘取，除去枝叶，晒干。味辛、微苦，性温。归脾、胃、肾经。温中止痛，行气活血，平喘，利尿。主治脘腹冷痛，食积气胀，反胃呕吐，中暑吐泻，泄泻痢疾，寒疝腹痛，哮喘，寒湿水臌，小便不利，小便浑浊，疮疡肿毒，牙痛，寒湿痹痛，跌打损伤。

豆豉姜，又称木浆子根、澄茄根、木姜子根、过山香、满山香、山苍子根，为植物山鸡椒的根。栽培3～5年，9～10月采挖，去泥土，晒干。味辛、微苦，性温。归脾、胃、肝经。祛风散寒除湿，温中理气止痛。主治感冒头痛，心胃冷痛，腹痛吐泻，脚气，孕妇水肿，风湿痹痛，跌打损伤。

山苍子叶，为植物山鸡椒的叶。夏、秋季采收，除去杂质，鲜用或晒干。味辛、微苦，性温。理气散结，解毒消肿，止血。主治痈疽肿痛，乳痈，蛇虫咬伤，外伤出血，脚肿。其挥发油可用于慢性气管炎。

【经方验方应用例证】

治急性乳腺炎：鲜山苍子叶适量，与淘米水共捣，外敷患处。(《全国中草药汇编》)

治胃寒痛，疝气：山鸡椒果实1.5～3克，开水泡服，或研粉，每次服1～1.5克。(《恩施中草药手册》)

治小儿腹泻：山鸡椒果实1～3克，鸡矢藤6～9克，石榴皮6克，水煎服。(《苗族医药学》)

治牙痛：果实研末，塞患处。(《恩施中草药手册》)

【中成药应用例证】

克痛酊：祛风去湿，活血止痛。用于肚痛，跌打肿痛，风湿骨痛。

活络止痛丸：活血舒筋，祛风除湿。用于风湿关节痹痛，肢体游走痛，手足麻木酸软。

补血调经片：补血理气，调经。用于妇女贫血，面色萎黄，赤白带下，经痛，经漏，闭经等症。

蜡瓣花

Corylopsis sinensis Hemsl.

金缕梅科（Hamamelidaceae）蜡瓣花属落叶灌木。

叶薄革质，倒卵圆形或倒卵形，基部不等侧心形，边缘齿尖突出。总状花序下垂；花先叶开放，总苞状鳞片卵圆形，花瓣匙形，黄色。蒴果近圆球形，具2宿存花柱。花期4～5月，果期7～8月。

生于山地灌丛中。

始载于《浙江天目山药植志》。蜡瓣花花下垂，色黄而具芳香，枝叶繁茂，清丽宜人。适于庭园内配植于角隅，亦可盆栽观赏。花枝可作瓶插材料。

【入药部位及性味功效】

蜡瓣花根，为植物蜡瓣花的根或根皮。根皮夏季采挖，刮去粗皮，洗净，晒干。味甘，性平。归胃、心经。疏风和胃，宁心安神。主治外感风邪，头痛，恶心呕吐，心悸，烦躁不安。

同等入药的同属植物尚有桤叶蜡瓣花。

枫香树

Liquidambar formosana Hance

金缕梅科（Hamamelidaceae）枫香树属落叶乔木。

树皮灰褐色，方块状剥落。叶阔卵形，掌状3裂，基部心形，叶柄长。雄性短穗状花序；雌性头状花序，花多。头状果序圆球形，蒴果下半部藏于花序轴内，具宿存花柱及针刺状萼齿。花期4～5月，果期9～10月。

多生于平地、村落附近及低山的次生林。

《说文解字》:“枫，木也。厚叶弱枝，善摇。”言其树叶因风而摇，枫之为名，由此而得。《尔雅》郭璞注：“枫，树似白杨，叶圆而歧，有脂而香，今枫香是。”枫“有脂而香”，故又称枫香。枫香脂由胶状树脂凝结而成，呈黄白色，故又名白胶香。枫香脂始载于《新修本草》，谓：“所在大山皆有。树高大，叶三角，商洛之间多有。五月斫树为坎，十一月采脂。”《本草纲目》收枫香脂于木部香木类。

枫香的头状果序除去宿萼后，呈多数蜂窝状小孔，并相互交通，故俗称路路通、九空子。路路通始载于《本草纲目拾遗》，云：“即枫实，乃枫树所结子也。外有刺楸如栗壳，内有核，多空穴。”

【入药部位及性味功效】

枫香脂，又称白胶香、枫脂、白胶、芸香、胶香，为植物枫香树的树脂。选择生长20年以上的粗壮大树，7～8月间凿开树皮，从树根起每隔15～20厘米交错凿开一洞。到10月至次年4月采收流出的树脂，晒干或自然阴干。味辛、微苦，性平。归肺、脾、肝经。活血止痛，解毒生肌，凉血止血。用于跌扑损伤，痈疽肿痛，吐血，衄血，外伤出血，皮肤皲裂。

路路通，又称枫实、枫果、枫木上球、枫香果、狼目、狼眼、九空子、枫木球，为植物枫香树的果序。冬季果实成熟后采收，除去杂质，干燥。味苦，性平。归肝、膀胱经。祛风除湿，疏肝活络，利水。主治风湿痹痛，肢体麻木，手足痉挛，脘腹疼痛，水肿胀满，乳汁不通，经闭，湿疹。

枫香树根，又称枫果根、杜东根，为植物枫香树的根。秋、冬采挖，洗净，去粗皮，晒干。味辛、苦，性平。归脾、肾、肝经。解毒消肿，祛风止痛。主治痈疽疔疮，风湿痹痛，牙痛，湿热泄泻，痢疾，小儿消化不良。

枫香树皮，又称枫皮、枫香木皮，为植物枫香树的皮。四季均可剥去树皮，洗净，晒干或烘干。味辛、微涩，性平。归脾、肝经。除湿止泻，祛风止痒。主治泄泻，痢疾，大风癞疮，痒疹。

枫香树叶，为植物枫香树的叶。春、夏季采摘，洗净，鲜用或晒干。味辛、苦，性平。归脾、肝经。行气止痛，解毒，止血。主治胃脘疼痛，伤暑腹痛，痢疾，泄泻，痈肿疮疡，湿疹，吐血，咳血，创伤出血。

【经方验方应用例证】

治痢疾，肠炎，腹泻：鲜枫香树叶30克，鲜辣蓼叶15克，共捣烂绞汁服。(《江西民间草药验方》)

治中暑：枫香树叶、野木瓜各15克，水煎服。(《福建药物志》)

治乳痈：枫香树根30克，犁头草9克，酒、水各半煎服。初起者可使内消，已成脓者，可使易溃。(《江西民间草药验方》)

治癣：路路通10个（烧存性)，白砒五厘，共末，香油搽。(《本草纲目拾遗》引《德生堂方》)

治荨麻疹：路路通500克，煎浓汁。每日3次，每次18克，空腹服。(《湖南药物志》)

治耳内流黄水：路路通15克，煎服。(《浙江民间草药》)

治过敏性鼻炎：路路通12克，苍耳子、防风各9克，辛夷、白芷各6克，水煎服。(《中药临床应用》)

肝胃二气丹：肝逆犯胃，脘胁作痛，呕吐酸水，食不得入，及酒嗝湿郁。(《饲鹤亭集方》)

血腑逐瘀汤加减：活血化瘀，通络开窍。主治外伤所致气血瘀滞。(《蔡福养方》)

小金丹：辛温通络，散结活血。主治流注，痰核，瘰疬，乳岩，横痃，贴骨疽，鳝拱头等。(《外科全生集》)

必效膏：主治乳石痈疽，发背疮毒，止痛吮脓。(《圣济总录》)

木瓜虎骨丸：祛风除湿，通经活络。治风寒湿合而成痹，脚重不仁，疼痛少力，足下隐痛，不能踏地，腰膝筋挛，不能屈伸，及项背拘急，手臂无力，耳内蝉鸣，头眩目晕，及诸证脚气，行步艰难者。(《圣济总录》)

【中成药应用例证】

乌鸡增乳胶囊：养血益精通乳。用于妇女血虚精亏所至产后缺乳症，症见产后乳房空软，乳汁缺少，乳质清稀，面色无华，神疲食少。

冠心泰丸：益气养心，活血通脉。用于胸痹心痛（冠心病、心绞痛）之气阴两虚，心脉瘀阻证，症见胸闷气短，间作刺痛，心悸乏力，夜寝不安，舌有瘀点。

心益好胶囊：活血化瘀，行气止痛，益心宁神。用于冠心病、心绞痛所引致的胸闷，心悸，气短等。

抗风湿液：散风祛湿，活血通络，壮腰健膝。用于慢性风湿性关节炎，类风湿性关节炎，腰腿痛，坐骨神经痛，四肢酸痹及腰肌劳损等症。

筋骨宁搽剂：活血化瘀，消肿止痛，散风祛湿。用于跌打损伤，瘀血肿痛，风寒湿痹，腰膝疼痛，肢体麻木。

耳聋通窍丸：清热泻火，利湿通便。用于肝胆火盛，头眩目胀，耳聋耳鸣，耳内流脓，大便干燥，小便赤黄。

八仙油：清暑祛湿，祛风通窍。用于感冒，呕吐腹痛，舟车晕眩，中暑头晕，皮肤瘙痒，山岚瘴气。

四香祛湿丸：清热安神，舒筋活络。用于白脉病，半身不遂，风湿，类风湿，肌筋萎缩，神经麻痹，肾损脉伤，瘟疫热病，久治不愈等症。

风湿二十五味丸：燥“协日乌素”，散瘀。用于游痛症，风湿，类风湿性关节炎，颈椎病，肩周炎，脊椎炎，坐骨神经痛，痛风，骨关节炎等。

【现代临床应用】

枫香树根用于治疗急性胃肠炎，有效率100%；治疗小儿消化不良，有效率92%。枫香树叶用于治疗出血症，总有效率96.7%，且有一定抗菌作用。

檵木

Loropetalum chinense (R. Br.) Oliver

金缕梅科（Hamamelidaceae）檵木属常绿灌木至小乔木。

多分枝，常具星毛。叶卵形，上面略有粗毛或秃净，下面被星毛，稍带灰白色；基部不等侧。花3～8朵簇生；花瓣4，黄白色带状。蒴果卵圆形，萼筒长为蒴果的2/3。花期3～4月，果期7～8月。

大别山区常见植物，生于向阳的丘陵及山地，亦常出现在马尾松林及杉林。英山县吴家山有大面积古檵木林分布。

檵花始载于《植物名实图考》，云："檵花，一名纸末花，江西、湖南山冈多有之。丛生细茎，叶似榆而小，厚涩无齿。春开细白花，长寸余，如翦素纸，一朵数十条，纷披下垂。"又云："其叶嚼烂，敷刀刺伤，能止血。"

【入药部位及性味功效】

檵木叶，又称檵花叶，为植物檵木的叶。全年可采收，鲜用或干燥，置干燥处，防蛀。味苦、涩，性凉。归肝、胃、大肠经。收敛止血，清热解毒。主治咯血，吐血，便血，崩漏，产后恶露不净，紫癜，暑热泻痢，跌打损伤，创伤出血，肝热目赤，喉痛。

檵木根，又称檵花根、土降香，为植物檵木的根。全年可采挖，洗净，切块，晒干或鲜用。味苦、涩，性微温。归肝、脾、大肠经。止血，活血，收敛固涩。主治咯血，吐血，便血，外伤出血，崩漏，产后恶露不尽，风湿关节疼痛，跌打损伤，泄泻，痢疾，白带，脱肛。

檵花，又称纸末花、白清明花，为植物檵木的花。清明前后采收阴干，贮干燥处。味甘、涩，性平。归肺、脾、大肠经。清热止咳，收敛止血。主治肺热咳嗽，咯血，鼻衄，便血，痢疾，泄泻，崩漏。

【经方验方应用例证】

治咳血：檵木根120克，水煎服。(《江西草药》)

治齿痛：檵木根30克，鸡、鸭蛋各1枚。煮熟，兑红糖60克服。(《湖南药物志》)

治跌打吐血：根或叶，煮猪精肉服。(《湖南药物志》)

【中成药应用例证】

檵木胃痛颗粒：理气和胃，清热止痛。用于胃炎、胃及十二指肠溃疡引起的疼痛和隐性出血，属气滞血瘀、胃中积热证者。

血见宁散：止血。用于消化道出血，肺咯血。

【现代临床应用】

檵木叶用于治疗老年慢性气管炎、产后宫缩不良。

杜仲

Eucommia ulmoides Oliver

杜仲科（Eucommiaceae）杜仲属多年生落叶乔木。

枝条有片状髓。单叶互生，边缘有锯齿，无托叶。花单性，辐射对称，单生苞腋，无花瓣；雄花有短柄，雄蕊5～10个，线形，花丝极短，花药4室，纵裂；雌花单生于小枝下部，有苞片，具短花梗，子房1室，由合生心皮组成。翅果。花期4～5月，果期10～11月。

大别山地区常见栽培药用植物。生于低山、谷地或低坡的疏林里，对土壤的选择并不严格，在瘠薄的红土或岩石峭壁均能生长。

杜仲始载于《神农本草经》，列为上品。古代之杜仲原植物与今所用的杜仲一致。《本草纲目》云："昔有杜仲服此得道，因以名之。思仲、思仙，皆由此义。其皮中有银丝如绵，故曰木绵。"其他如丝棉皮、扯丝皮等亦由此木皮折断后现白丝而名。

【入药部位及性味功效】

杜仲，又称思仙、思仲、木绵、檰、石思仙、扯丝皮、丝连皮、玉丝皮、棉皮、丝棉皮，为植物杜仲的树皮。选择栽培10～20年的粗壮大树，6～7月高温湿润季节，用半环剥法或环剥法剥取树皮。剥皮宜选多云或阴天，不宜在雨天和炎热晴天。剥下树皮后用开水烫泡，皮展平，内面相对叠平，压紧，四周上下用稻草包住，使其发汗，经1周后，内皮略成紫褐色，取出晒干，刮去粗皮，修切整齐，贮藏。味甘、微辛，性温。归肝、肾经。补肝肾，强筋骨，安胎。主治腰膝酸痛，阳痿，尿频，小便余沥，风湿痹痛，胎动不安，习惯性流产。

檰芽，又称杜仲芽，为植物杜仲的嫩叶。春季嫩叶初生时采摘，鲜用或晒干。味甘，性平。补虚生津，解毒，止血。主治身体虚弱，口渴，脚气，痔疮肿痛，便血。

杜仲叶，为植物杜仲的叶。秋末采收，除去杂质，洗净，晒干。味微辛，性温。归入肝、肾经。补肝肾，强筋骨。主治腰背疼痛，足膝酸软乏力。

【经方验方应用例证】

治高血压病：杜仲、黄芩、夏枯草各15克，水煎服。(《陕西中草药》)

养荣壮肾汤：主治产后感受风寒，腰痛不可转侧。(《傅青主女科》)

益肾调经汤：温肾调经。主治妇女肾虚，经来色淡而多，经后腹痛腰酸，肢软无力，脉沉弦无力。(《中医妇科治疗学》)

三痹汤：祛风除痹。主治血气不足，手足拘挛，风痹，气痹。(《妇人良方》)

安胎丸：主治胎动不安，腹中作痛，下血胎漏，势将堕胎，或闪跌误伤，天癸复来，或惯好小产，不能到期。(《集成良方三百种》)

【中成药应用例证】

三宝片：填精益肾，养心安神。用于肾阳不足所致腰酸腿软，阳痿遗精，头晕眼花，耳鸣耳聋，心悸失眠，食欲不振。

丹鹿通督片：活血通督，益肾通络。用于腰椎管狭窄症（如黄韧带增厚、椎体退行性改变、陈旧性椎间盘突出）属瘀阻督脉型所致的间歇性跛行，腰腿疼痛，活动受限，下肢酸胀疼痛，舌质暗或有瘀斑等。

华容口服液：滋养肝肾，补益气血。用于脏腑亏损，精血不足所致的面色无华、头晕发枯、疲乏无力、失眠多梦、月经不调等症。

强力定眩片：降压、降脂、定眩。用于高血压、动脉硬化、高脂血症以及上述诸病引起的头痛、头晕、目眩、耳鸣、失眠等症。

杜仲冲剂：补肝肾，强筋骨，安胎，降血压。用于肾虚腰痛，腰膝无力，胎动不安，先兆流产，高血压症。

山桃

Prunus davidiana (Carr.) C. de Vos

蔷薇科（Rosaceae）李属落叶乔木。

树皮暗紫色，光滑。花单生，先于叶开放，粉或白色；花萼钟形，无毛。果实近球形，淡黄色，果肉薄而干，不可食，直径约3厘米。花期3～4月，果期7～8月。

英山、罗田、麻城等地有分布。常生于海拔800米以上的山坡、山谷沟底或荒野疏林及灌丛内。

桃，本意作“毛果”解，见《玉篇》。高树藩以“兆”即预兆，古人有视桃花盛衰以预卜丰歉之说，故桃从兆声。李时珍云：“桃性早花，易植而子繁，故字从木、兆。十亿曰兆，言其多也。”桃仁始载于《神农本草经》，作桃核人，列为过部下品。古代桃仁来源于桃属多种植物的种子，但以非嫁接的桃和山桃的种子为好，与今一致。

李时珍云：“（桃枭）桃子干悬如枭首磔木之状，故名。奴者，言其不能成实也。《家宝方》谓之神桃，言其辟恶也。千叶桃花结子在树不落者，名鬼髑髅。”碧桃干者言其果色绿黄；瘪桃干者言其外表干瘪。气桃当为“弃桃”之谐音。

【入药部位及性味功效】

桃根，又称桃树根，为植物桃、山桃的根或根皮。全年可采，挖取树根，洗净，切片，晒干。或剥取根皮，切碎，晒干。味苦，性平，无毒。归肝经。清热利湿，活血止痛，消痈肿。主治黄疸，吐血，衄血，经闭，痈肿，痔疮，风湿痹痛，跌打损伤疼痛，腰痛，痧气腹痛。

桃胶，为植物桃、山桃等树皮中分泌出来的树脂，夏季采收，用刀切割树皮，待树脂溢出后收集，水洗去杂质，晒干。味甘、苦，性平，无毒。归大肠、膀胱经。和血，通淋，止痢。主治石淋，血淋，痢疾，腹痛，糖尿病，乳糜尿。

桃茎白皮，又称桃皮、桃树皮、桃白皮，为植物桃、山桃去掉栓皮的树皮，夏秋剥皮，除去栓皮，切碎，晒干或鲜用。味苦、辛，性平，无毒。归肺、脾经。清热利湿，解毒杀虫。主治水肿，痧气腹痛，肺热喘闷，痈疽，瘰疬，湿疮，风湿关节痛，牙痛，疮痈肿毒，湿癣。

桃枝，为植物桃、山桃的幼枝。夏季采收，切段，晒干，或随剪随用。味苦，性平。活血通络，解毒杀虫。主治心腹疼痛，风湿关节痛，腰痛，跌打损伤，疮癣。

桃叶，为植物桃、山桃的叶。夏季采叶，鲜用或晒干。味苦、辛，性平。归脾、肾经。祛风清热，燥湿解毒，杀虫。用于外感风邪，头风头痛，风痹，湿疹，痈肿疮疡，癣疮，疟疾，阴道滴虫。

桃花，为植物桃、山桃的花。3～4月间桃花将开放时采收，阴干，放干燥处。味苦，性平。归心、肝、大肠经。利水通便，活血化瘀。主治水肿，脚气，痰饮，利水通便，砂石淋，便秘，闭经，癫狂，疮疹。

桃子，又称桃实，为植物桃、山桃的果实，成熟时采摘，鲜用或作脯。味甘、酸，性温。归肺、大肠经。生津，润肠，活血，消积。主治津少口渴，肠燥便秘，闭经，积聚。

桃毛，为植物桃、山桃的果实上的毛。将未成熟果实之毛刮下，晒干。味辛，性平。活血，行气。主治血瘕，崩漏，带下。

桃仁，又称桃核仁、桃核人，为植物桃、山桃的成熟种子。果实成熟后采收，除去果肉和核壳，取出种子，晒干。味苦、甘，性平。归心、肝、大肠经。活血祛瘀，润肠通便，止咳平喘。主治经闭痛经，瘕瘕痞块，肺痈肠痈，跌扑损伤，肠燥便秘，咳嗽气喘，产后瘀滞腹痛。

碧桃干，又称桃枭、鬼髑髅、桃奴、枭景、干桃、气桃、阴桃子、桃干、瘪桃干，为植物桃、山桃的未成熟果实。4～6月取其未成熟而落于地上的果实，翻晒4～6天，由青色变为青黄色即得。味酸、苦，性平。归肺、肝经。敛汗涩精，活血止血，止痛。用于盗汗，遗精，心腹痛，吐血，妊娠下血。

【经方验方应用例证】

治黄疸：鲜桃枝60克，切碎煎汁服。(《陕甘宁青中草药选》)

治糖尿病：桃胶15～24克，玉米须30～48克，枸杞根30～48克，煎服。(《上海常用中草药》)

李梅汤：避瘟恶气，疗百病，去皮肤沙粟。(《圣惠》《普济方》)

治冬月唇干血出：桃仁捣烂，猪油调涂唇上，即效。(《寿世保元》)

大黄牡丹汤：泻热破瘀，散结消肿。常用于急性单纯性阑尾炎、肠梗阻、急性胆道感染、胆道蛔虫、胰腺炎、急性盆腔炎、输卵管结扎后感染等属湿热瘀滞者。(《金匮要略》)

百花如意酣春酝：益肾，固精，坚阳。(《摄生秘剖》)

万灵膏：活血化瘀，消肿止痛。(《万氏家抄方》)

治食道癌：鲜桃树皮90～120克，捣烂加水少许，取汁服。(《内蒙古中草药》)

【中成药应用例证】

万应宝珍膏：舒筋活血，解毒。用于跌打损伤，风湿痹痛，痈疽肿痛。

寒喘膏药：温经逐寒，定喘止咳。用于慢性气管炎，哮喘因受寒而发作，气喘咳嗽。

清宁丸（浓缩丸）：清热泻火，通便。用于咽喉肿痛，口舌生疮，头晕耳鸣，目赤牙痛，腹中胀满，大便秘结。

通络骨质宁膏：祛风除湿，活血化瘀。用于骨质增生，关节痹痛。

杏

Prunus armeniaca L.

蔷薇科（Rosaceae）杏属落叶乔木。

叶基部圆形。花单生，先叶开放，白色至淡粉红色，直径约2.5厘米，花梗极短，花萼常反折。果黄色或黄红色，果肉多汁；核平滑，沿腹缝线有沟。花期3～4月，果期6～7月。

分布长江中下游各省以及西北、华北至东北，多栽培作果树。英山县吴家山林场偶有栽培。

杏仁始载于《神农本草经》，列为下品。《说文解字》："杏，果也。从木，可省声。"为象形字。《本草纲目》云："杏字篆文象子在木枝之形。"杏子入药今以东来者为胜，仍用家园种者，山杏不堪入药。古代药用杏仁来源于杏属多种植物的种仁，并以家种杏仁为主，与今一致。

【入药部位及性味功效】

杏花，为植物杏、山杏的花。3～4月采花，阴干备用。味苦，性温，无毒。归脾、肾经。活血补虚。主治不孕，肢体痹痛，手足逆冷。

杏仁，又称杏核仁、杏子、木落子、苦杏仁、杏梅仁、杏、甜梅，为植物杏、野杏、山杏、东北杏的种子。味苦，性温，有小毒。归肺、脾、大肠经。祛痰止咳，平喘，润肠，下气开痹。主治外感咳嗽，喘满，伤燥咳嗽，寒气奔豚，惊痫，胸痹，食滞脘痛，血崩，耳聋，疳肿胀，湿热淋证，疥疮，喉痹，肠燥便秘。

杏子，又称杏实，为植物杏、山杏的果实。果熟时采收。味酸、甘，性温。归肺、心经。润肺定喘，生津止渴。主治肺燥咳嗽，津伤口渴。

杏叶，又称杏树叶，为植物杏、野杏或山杏的叶。夏、秋季叶长茂盛时采收，鲜用或晒干。味辛、苦，性微凉。归肝、脾经。祛风利湿，明目。主治水肿，皮肤瘙痒，目疾多泪，痈疮瘰疬。

杏树根，为植物杏、山杏的根。四季均可采收，挖根，洗净，切碎晒干。味苦，性温。归肝、肾经。解毒。主治苦杏仁中毒。

杏树皮，为植物杏、山杏的树皮。春秋采收，剥取树皮，削去外面栓皮，切碎晒干。味甘，性寒。归心、肺经。解毒。主治食苦杏仁中毒。

杏枝，为植物杏、山杏的树枝。味辛，性平。归肝经。活血散瘀。主治跌打损伤，瘀血阻络。

【经方验方应用例证】

麻黄汤：发汗解表，宣肺平喘。常用于感冒、流行性感冒、急性支气管炎、支气管哮喘等属风寒表实证者。(《伤寒论》)

华盖散：宣肺解表，祛痰止咳。(《博济方》)

桑菊饮：疏风清热，宣肺止咳。(《伤寒论》)

巴膏：化腐生肌。主治一切痈疽，发背，恶疮。(《医宗金鉴》)

麻黄杏子汤：外感腋痛。用于风寒壅肺，恶寒发热，喘急嗽痰，腋下作痛。(《症因肺治》)

【中成药应用例证】

养肝还睛丸：平肝息风，养肝明目。用于阴虚肝旺所致视物模糊，畏光流泪，瞳仁散大。

二母丸：清热化痰，润肺止咳。用于肺热咳嗽，痰涎壅盛，口鼻生疮，咽喉肿痛，大便秘结，小便赤黄。

外伤风寒颗粒：解表散寒，退热止咳。用于风寒感冒，恶寒发热，头痛项强，全身酸疼，鼻塞流清涕，咳嗽，苔薄白，脉浮。

如意油：祛风，兴奋。适用于伤风鼻塞，局部冻伤。

定喘止咳糖浆：宣肺平喘，理气止咳。用于风寒喘咳，胸腹胀满，亦可用于支气管哮喘，支气管炎。

郁李

Prunus japonica (Thumb.) Lois.

蔷薇科（Rosaceae）樱属落叶灌木。

小枝灰褐色，嫩枝绿色或绿褐色，无毛。叶卵形或宽卵形，基部圆形。花梗较短5～10毫米，萼筒陀螺形，萼片椭圆形，先端圆钝，边有细齿。果近球形，红色。花期5月，果期6～8月。

大别山低海拔山区有分布，生于山坡林下、灌丛中或栽培。

郁李仁始载于《神农本草经》，列为下品。《本草纲目》云："郁，《山海经》作栯，馥郁也。花实俱香，故以名之。"《本草经考注》："其树矮小，实亦小，故有车下李、雀李之名耳。"梅、李均同类而相似，故亦呼为雀梅。爵梅者，音近也。郝懿行认为《尔雅》之"英梅"非本品。其下注文"雀梅"亦非郭璞之文，后世有误从者，如"样藜""秧李"等盖为英梅之讹名。《植物名实图考》云："（花）千叶者花浓，而中心一缕连于蒂，俗呼为穿心梅。"

古代所用郁李仁来源于蔷薇科樱属多种植物，而今商品郁李仁主要为樱属植物郁李、欧李，桃属植物榆叶梅、长梗扁桃等的种子。

【入药部位及性味功效】

郁李根，为植物郁李的根。秋、冬季采挖，洗净，切段，晒干。味苦、酸，性凉。归脾、胃经。清热，杀虫，行气破积。主治龋齿疼痛，小儿发热，气滞积聚。

郁李仁，又称郁子、郁里仁、李仁肉、郁李、英梅、爵李、白棣、雀李、车下李、山李、爵梅、梓蓁、千金藤、秧李、穿心梅、侧李、欧李、酸丁、乌拉柰、欧梨，为植物郁李、欧李、榆叶梅、长梗扁桃等的种仁。5～6月当果实呈鲜红色后采收。将果实堆放阴湿处，待果肉腐烂后，取其果核，清除杂质，稍晒干，将果核压碎去壳，即得种仁。味辛、苦、甘，性平。归脾、大肠、小肠经。润肠通便，下气利水。用于津枯肠燥，食积气滞，腹胀便秘，水肿，脚气，小便不利。

【经方验方应用例证】

五仁丸：润肠通便。主治津枯肠燥证。多用于大便艰难，以及年老和产后血虚便秘，舌燥少津，脉细涩。（《世医得效方》）

白花蛇散：柔风。用于血气俱虚，邪中内外，皮肤缓纵，腹里拘急。（《圣济总录》）

白蒺藜散：用于肺脏中风，项强头旋，中如虫行，腹胁胀满，语声不出，四肢顽痹，大肠不利。（《圣惠》）

补经固真汤：主治妇人始病血崩，日久血少，复亡其阳，白带下流不止，诸药不效者。（《兰室秘藏》）

补瞳神丹：大补肝气。主治因脑气不足，无故忽视物为两。（《辨证录》）

【中成药应用例证】

五仁润肠丸：润肠通便。用于老年体弱，津亏便秘，腹胀食少。

治偏痛颗粒：行气，活血，止痛。用于血管性头痛和偏头痛。

芪蓉润肠口服液：益气养阴，健脾滋肾，润肠通便。用于气阴两虚，脾肾不足，大肠失于濡润而致的虚证便秘。

舒肝调气丸：舒气开郁，健胃消食。用于两胁胀满，胸中烦闷，呕吐恶心，气逆不顺，倒饱嘈杂，消化不良，大便燥结。

蚕茧眼药：清热散风，消肿止痛。用于暴发火眼，睑烂痛痒，羞明热泪。

木瓜

Chaenomeles sinensis (Thouin) Koehne

蔷薇科（Rosaceae）木瓜属落叶灌木或小乔木。

树皮成片状脱落；小枝无刺。叶边有刺芒状锯齿；托叶膜质，卵状披针形，边缘有腺齿。花单生于叶腋，后于叶开放；花瓣倒卵形，淡粉红色；花丝远短于花瓣；萼片有齿，反折。果实长椭圆形，木质，芳香。花期4月，果期9～10月。

大别山区各县市习见栽培供观赏。生于海拔1000米以下。

始载于《本草经集注》，曰："榠樝，大而黄，可进酒去痰。"对照历代本草记载，古代的榠樝，即是当今蔷薇科木瓜属植物光皮木瓜。由于其形状、功用与木瓜相近，历来有被当作木瓜使用的，现在山东、河南、江西、云南、广西、江苏、浙江、安徽等地仍作木瓜使用。

【入药部位及性味功效】

榠樝，又称木李、蛮楂、木梨、木叶、木瓜，为植物木瓜（光皮木瓜）的果实。10～11月将成熟的果实摘下，纵剖称2或4瓣，置沸水中烫后晒干或烘干。味酸、涩，性平。归胃、肝、肺经。和胃疏筋，祛风湿，消痰止咳。主治吐泻转筋，风湿痹痛，咳嗽痰多，泄泻，痢疾，跌打伤痛，脚气水肿。

【经方验方应用例证】

治肺痨咳嗽：木瓜（光皮木瓜）45克，四叶一支香15克，甘草6克，水煎服。（江西《草药手册》）

治扭伤：鲜木瓜（光皮木瓜）烤热敷患处，每日3次。（江西《草药手册》）

治风湿麻木：木瓜（光皮木瓜）60克，以白酒500克浸泡1星期。每日1小杯，每日服2次。（《河北中草药》）

蓼叶散：主治无名疮。（《圣惠》）

野山楂

Crataegus cuneata Sieb. et Zucc.

蔷薇科（Rosaceae）山楂属落叶灌木。

小枝幼时被毛，叶上部3裂，下部全缘。伞房花序，具5～7花，花梗和总花梗均被柔毛；苞片披针形，条裂或有锯齿；萼筒钟状，外被长柔毛，萼片三角卵形，花瓣近圆形或倒卵形，白色，基部有短爪；果实红色；小核4～5，内面两侧平滑。花期5～6月，果期9～11月。

大别山各县市均有分布，生于海拔200米以上的山坡上。

果实多肉可供生食，酿酒或制果酱，入药有健胃、消积化滞之效；嫩叶可以代茶，茎叶煮汁可洗漆疮。

【入药部位及性味功效】

野山楂，为植物野山楂、湖北山楂、华中山楂、辽宁山楂、甘肃山楂、毛山楂、云南山楂等的果实。秋后果实变成红色，果点明显时采收。横切两半，或切片后晒干。味酸、甘，性微温。归肝、胃经。健脾消食，活血化瘀。主治食滞肉积，脘腹胀痛，产后瘀痛，漆疮，冻疮。

【经方验方应用例证】

益肾健脾汤：益肾健脾，化湿消肿。主治肾气亏虚，水湿泛滥，脾运失职。（马莲湘方）

【中成药应用例证】

心脑联通胶囊：活血化瘀，通络止痛。用于瘀血闭阻引起的胸痹，眩晕，症见胸闷，胸痛，心悸，头晕，头痛耳鸣等；冠心病心绞痛，脑动脉硬化及高脂血症见上述证候者亦可应用。

枇杷

Eriobotrya japonica (Thunb.) Lindl.

蔷薇科（Rosaceae）枇杷属常绿小乔木。

枝密生锈色或灰棕色茸毛。单叶互生，革质，下面密生锈色茸毛。叶片侧脉直出。果实球形或长圆形，黄色或橘黄色。花期10～12月，果期5～6月。

大别山各县市多为栽培或野生。生于海拔1400米以下的山谷沟边、山坡杂木林中。

枇杷叶始载于《名医别录》，列为中品。《本草衍义》："枇杷叶……以其形如枇杷，故名之。"乐器琵琶，古亦写作"枇杷"，由于字形分化，属琴瑟类者固定作"琵琶"，而"枇杷"则专用于指果类。枇杷果初生时青卢色，形似橘，故方言亦称为卢橘。"芦桔"者，"芦"与"卢"同音通假，"桔"为"橘"字俗写。

【入药部位及性味功效】

枇杷，为植物枇杷的果实。因成熟不一致，宜分次采收。味甘、酸，性凉，无毒。归脾、肺、肝经。润肺下气，止渴。主治肺热咳喘，吐逆，烦渴。

枇杷根，为植物枇杷的根。全年均可采挖，洗净泥土，切片，晒干。味苦，性平，无毒。归肺经。清肺止咳，下乳，祛内湿。主治虚痨咳嗽，乳汁不通，风湿痹痛。

枇杷核，为植物枇杷的种子。春、夏季果实成熟时采收，鲜用或晒干。味苦，性平，无毒。归肾经。化痰止咳，疏肝行气，利水消肿。主治咳嗽痰多，疝气，水肿，瘰疬。

枇杷花，又称土冬花，为植物枇杷的花。冬、春季采花，晒干。味淡，性平。归肺经。疏风止咳，通鼻窍。主治感冒咳嗽，鼻塞流涕，虚劳久嗽，痰中带血。

枇杷木白皮，又称枇杷树二层皮，为植物枇杷树干的韧皮部。全年均可采，剥取树皮，去除外层粗皮，晒干或鲜用。味苦，性平。归胃经。降逆和胃，止咳，止泻，解毒。主治呕吐，呃逆，久咳，久泻，痈疡肿痛。

枇杷叶露，又称枇杷露，为植物枇杷叶的蒸馏液。味淡，性平，无毒。归肺、胃经。清肺止咳，和胃下气。主治肺热咳嗽，痰多，呕逆，口渴。

枇杷叶，又称巴叶、芦桔叶，为植物枇杷的叶。全年均可采收，晒至七、八成干时，扎成小把，再晒干。味苦，性微寒。归肺、胃经。清肺止咳，降逆止呕。用于肺热咳嗽，气逆喘急，胃热呕逆，烦热口渴。

【经方验方应用例证】

回乳：枇杷叶去毛5片，牛膝根9克，水煎服。(《浙江民间常用草药》)

甘露饮：清热养阴，行气利湿。主治积热及痘后咽喉肿痛、口舌生疮、齿龈宣肿。(《阎氏小儿方论》)

枇杷清肺汤：清养肺胃，解毒化痰。(《医宗金鉴》)

半夏木通汤：伤寒后，胃间余热，干呕不止。(《圣济总录》)

除瘟化毒汤：清肺解毒。主治白喉初起，症状轻而白膜未见者。(《白喉治法抉微》)

川贝枇杷露：清热宣肺，止咳化痰。主治伤风咳嗽，肺热咳嗽及支气管炎。(《中药制剂手册》)

【中成药应用例证】

三蛇胆川贝糖浆：清热润肺，化痰止咳。用于痰热咳嗽。

复方阴阳莲片：清热，祛痰，止咳，平喘。用于慢性支气管炎。

蜜炼川贝枇杷膏：润肺止咳，祛痰定喘。用于外感风热引起的咳嗽痰多、胸闷、气喘等症。

儿童咳颗粒：清热润肺，宣降肺气，祛痰止咳。用于咳嗽气喘，吐痰黄稠或咳痰不爽，咽干喉痛，急慢性气管炎。

棣棠花

Kerria japonica (L.) DC.

蔷薇科（Rosaceae）棣棠花属落叶灌木。

枝条伸展，绿色无毛。单叶，互生，具重锯齿，三角状卵形或卵圆形，托叶钻形，早落。花两性，大而单生枝顶及侧枝顶端，花梗无毛；花直径2.5～6厘米；萼片卵状椭圆形，果时宿存；花瓣黄色，宽椭圆形，顶端下凹。花期4～6月，果期6～8月。

大别山各县市均有分布，生于山谷沟边、灌丛或林下。

棣棠始载于《群芳谱》，云："棣棠花若金黄，一叶一蕊，生甚延蔓，春深与蔷薇同开，可助一色。"现在考证，棣棠的正种是单瓣的，重瓣棣棠乃是单瓣棣棠的一个变型，药用同正种。

【入药部位及性味功效】

棣棠花，又称画眉槓、鸡蛋花、三月花、青通花、通花条、金棣棠、地团花、金钱花、小通花、金旦子花等，为植物棣棠花、重瓣棣棠花的花。4～5月采花，晒干。味苦、涩，性平。归肺、胃、脾经。化痰止咳，利尿消肿，解毒。主治咳嗽，风湿痹痛，产后劳伤痛，水肿，小便不利，消化不良，痈疽肿毒，湿疹，荨麻疹。

棣棠根，为植物棣棠花的根。7～8月采根，切段晒干。味微苦、涩，性平。祛风，化痰，解毒。主治关节疼痛，肺热咳嗽，痈疽肿毒。

棣棠枝叶，为植物棣棠花的枝叶。7～8月采枝叶，晒干。味微苦、涩，性平。祛风除湿，解毒消肿。主治风湿关节痛，荨麻疹，湿疹，痈疽肿毒。

【经方验方应用例证】

治风湿关节炎，消化不良：枝叶6克，水煎服。(《云南中草药》)

治荨麻疹：通花条适量，水煎外洗。(《甘肃中草药手册》)

治荨麻疹，湿疹：嫩枝叶适量，煎水外洗。(《浙江药用植物志》)

治消化不良：通花条15克，炒麦芽12克，水煎服。(《甘肃中草药手册》)

治痈疽肿毒：棣棠花或根、马兰、薄荷、菊花、蒲公英各9～15克，水煎服。(《浙江药用植物志》)

金樱子

Rosa laevigata Michx.

蔷薇科（Rosaceae）蔷薇属常绿攀援灌木。

小叶革质，通常3厘米，稀5厘米托叶与叶柄分离，早落。花单生于叶腋，白色，花大，直径6～8厘米，花梗和萼筒密被刺毛。果梨形、倒卵形，紫褐色，外面密被刺毛。花期4～6月，果期7～11月。

大别山各县市均有分布，生于向阳的山野、田边、溪畔灌木丛中。

金樱子始载于《雷公炮炙论》。《本草纲目》云："金樱当作金罂，谓其子形如黄罂也。石榴、鸡头皆象形。"今按，罂为小口大腹之酒器，金樱子似之。《梦溪笔谈》正作"金罂"。蜂糖罐、糖刺果并因其形、味、色而名。

【入药部位及性味功效】

金樱根，又称金樱蔃、脱骨丹，为植物金樱子的根或根皮。全年可采挖，除去幼根，洗净，趁新鲜斜切成厚片或短段，晒干。味酸、涩，性平。归脾、肝、肾经。收敛固涩，止血敛疮，祛风活血，止痛，杀虫。主治跌扑损伤，风湿痹痛，子宫下垂，脱肛，崩漏，带下，咳血，便血，泄泻，痢疾，遗精，遗尿，疮疡，烫伤，牙痛，胃痛，蛔虫症，乳糜尿。

金樱子，又称刺榆子、刺梨子、金罂子、山石榴、山鸡头子、糖莺子、糖罐、糖果、蜂糖罐、槟榔果、金茶瓶、糖橘子、黄茶瓶、藤勾子、螳螂果、糖刺果、灯笼果、刺橄榄等，为植物金樱子的果实。10～11月果实成熟变红时采收，晾晒后放入桶内搅拌，擦去毛刺，再晒至全干。味酸、甘、涩，性平。归脾、肾、膀胱经。固精缩尿，固崩止带，涩肠止泻。用于遗精滑精，遗尿尿频，白浊白带，崩漏带下，久泻久痢，子宫下垂。

金樱叶，为植物金樱子的叶。全年可采，多鲜用。味苦，性凉。清热解毒，活血止血，止带。主治痈肿疔疮，烫伤，痢疾，闭经，带下，创伤出血。

金樱花，为植物金樱子的花。4～6月采收将开放的花蕾，干燥即得。味酸、涩，性平。涩肠，固精，缩尿，止带，杀虫。主治久泻久痢，遗精尿频，带下，绦虫，蛔虫，蛲虫，须发早白。

【经方验方应用例证】

保童肥儿丸：肥儿。主治小儿疳积，肠风下血。(《外科传薪集》)

补肾强身片：补肾强身，收敛固涩。主治腰酸足软，头晕眼花，耳鸣心悸，阳痿遗精。(《上海市药品标准》)

沉香苁蓉煎丸：固真气。主治脐腹疼痛，脏腑不调，小便滑数。(《圣济总录》)

复方矮地茶糖浆：祛痰止咳。主治慢性及急性气管炎。(《湖南省中成药规范》)

金樱子膏：治肾气亏虚，精神衰弱，小便不禁，梦遗滑精，脾泄下痢。(《中药成方配本》)

治痈肿：金樱子嫩叶研烂，入少盐涂之，留头泄气。(《本草纲目》)

【中成药应用例证】

五子降脂胶囊：补肾活血，祛瘀降脂。用于高脂血症肾虚血瘀证，症见腰膝酸软，耳鸣，倦怠乏力，气短懒言，胸闷刺痛，舌质暗淡或有瘀斑，脉沉涩。

健肾壮腰丸：健肾壮腰。用于腰酸腿软，头昏耳鸣，眼花心悸，阳痿遗精。

前列消胶囊：清热利湿。用于前列腺炎属下焦湿热证者，症见尿频，尿急，尿涩痛，小便淋漓不尽，腰膝酸软等。

安阳固本膏：温肾暖宫，活血通络。用于女子宫寒不孕，经前腹痛，月经不调，男子精液稀薄，精子少，腰膝冷痛。

山莓

Rubus corchorifolius L. f.

蔷薇科（Rosaceae）悬钩子属落叶灌木。

植株多刺。单叶长圆形，两侧有时浅裂，上面脉上被短毛，下面密被细柔毛。花单生，花梗密被短柔毛；萼筒杯形，里面有伏毛；萼片卵形或三角状卵形，顶端急尖至短渐尖；花瓣长圆形或椭圆形，白色，顶端圆钝。果球形，红色。花期2～3月，果期4～6月。

大别山区常见物种。生于向阳山坡、溪边、山谷、荒地和疏密灌丛中潮湿处。

始载于《本草拾遗》，称悬钩子，即今蔷薇科植物山莓。《本草纲目》云："茎上有刺如悬钩，故名。"因属莓一类植物，而有诸"莓"之名。"藨"亦有"莓"之意。诸"泡"之称皆为"藨"之音近借字。

【入药部位及性味功效】

山莓，又称悬钩子、沿钩子、藨子、山泡子，为植物山莓的果实。7～8月果实饱满、外表呈绿色时摘收。用酒蒸晒干或用开水浸1～2分钟后晒干。味酸、微甘，性平。醒酒止渴，化痰解毒，收涩。主治醉酒，通风，丹毒，烫火伤，遗精，遗尿。

山莓叶，又称对嘴泡叶、三月泡叶，为植物山莓的茎叶。5～10月可采收，鲜用或晒干。味苦、涩，性平。清热利咽，解毒敛疮。主治咽喉肿痛，疮痈疖肿，乳腺炎，湿疹，黄水疮。

山莓根，又称悬钩根、木莓根、三月藨根，为植物山莓的根。9～10月采挖，切片晒干。

味苦、涩，性平。归肝、脾经。凉血止血，活血调经，清热利湿，解毒敛疮。主治咯血，崩漏，痔疮出血，痢疾，泄泻，痛经，腰痛，跌打损伤，毒蛇咬伤，疮疡肿毒，湿疹。

【经方验方应用例证】

治开水烫伤：山莓果捣汁，敷患处。(《湖南药物志》)

治遗精：山莓干果15～20克，水煎服。(《福建中草药》)

治妇女经前腹痛：山莓根21克，茜草9克，乌梅根9克，香附子15克，水煎服。(《湖南药物志》)

治血崩不止：木莓根四两，酒一碗，煎七分，空腹温服。(《乾坤生意》)

治感冒：山莓鲜根21～30克，水煎服。(《福建中草药》)

治急性肾炎：山莓全草60克，山楂根6克，紫金牛9克，水煎服，忌盐。(《浙江药用植物志》)

【现代临床应用】

山梅根用于治疗烧伤。

茅莓

Rubus parvifolius L.

蔷薇科（Rosaceae）悬钩子属灌木。

枝呈弓形弯曲，被柔毛和稀疏钩状皮刺。3出复叶，顶小叶较大，边缘重粗锯齿。伞房花序顶生或腋生，花梗具柔毛和稀疏小皮刺；苞片线形，有柔毛；花淡红至紫红色，花瓣内曲。萼片卵状披针形或披针形。果实卵球形，直径1～1.5厘米，红色。花期5～6月，果期7～8月。

大别山各县市具有分布，生于海拔400米以上山坡杂木林下、向阳山谷、路旁或荒野。

薅田藨之名始见于《本草纲目》。《说文解字》："藨，拔去田草也。"《尔雅》："藨，麃。"郭璞注："麃，即莓也。"本品花开之时多为除草季节，又属莓类植物，故名薅田藨。刺竹名"竻"，"泡"为"藨"之音转，故有诸"竻""泡"之名。因于农历三月开花，得名三月泡。琐，细小之意，本品花小，粉红色，似梅花，而以红梅消、红琐梅名之。称"波""菠""蒲"等，皆方言音近之名。其叶上面色绿，下被白色茸毛，以此得名天青地白草。

【入药部位及性味功效】

薅田藨，又称藨、蛇泡竻、黑龙骨、三月泡、红梅消、红琐梅、过江龙、倒筑伞、薅秧泡、牙鹰竻、倒生根、毛叶仙桥、虎波草、布田菠草、播田花、乳痈泡、鹰爪竻、种田蒲、天青地白草、细蛇ⅰ、小还魂、五月藨刺、龙船藨、红花脬竻、两头粘、五月红、陈刺波、草杨梅、仙人搭桥，为植物茅莓的地上部分。7～8月采收，割取全草，捆成小把，晒干。味苦、涩，性凉，无毒。归肝、肺、肾经。清热解毒，散瘀止血，杀虫疗疮。主治感冒发热，咳嗽痰血，痢疾，跌打损伤，产后腹痛，疥疮，疖肿，外伤出血。

薅田藨根，又称茅莓根、托盘根、米花托盘根，为植物茅莓的根。秋、冬季挖根，洗净鲜用，或切片晒干。味甘、苦，性凉，无毒。归肝、肺、肾经。清热解毒，祛风利湿，活血凉血。主治感冒发热，咽喉肿痛，风湿痹痛，肝炎，肠炎，痢疾，肾炎水肿，尿路感染，结石，跌打损伤，咳血，吐血，崩漏，疔疮肿毒，腮腺炎。

【经方验方应用例证】

治皮炎，湿疹：薅田藨茎叶适量，煎汤熏洗。(《宁夏中草药手册》)

治痢疾：茅莓茎叶30克，水煎，去渣，酌加糖调服。(《战备草药手册》)

治外伤出血：茅莓叶适量，晒干研末，撒敷伤口，外加包扎。(《江西草药》)

泌尿系结石：鲜根120克，洗净切片，加米酒120克、水适量，煮1小时，去渣取汁，2次分服，每日一剂。服至排除结石或症状消失为止。(《全国中草药汇编》第二版)

治慢性肝炎：茅莓根60克，阴行草30克，水煎服，每日1剂。(《江西草药》)

【中成药应用例证】

健脾理肠片：健脾益气，温中止泻，行气消胀。用于脾气虚寒所引起的腹痛、腹泻、纳差、乏力；慢性结肠炎、溃疡性结肠炎见上述证候者亦可应用。

宜肝乐颗粒：清热解毒，利胆退黄。用于肝胆湿热所致的急慢性乙型肝炎。

【现代临床应用】

薅田藨根用于治疗腹泻、丝虫病。

蓬蘽

Rubus hirsutus Thunb.

蔷薇科（Rosaceae）悬钩子属落叶小灌木。

茎有稍直的刺。羽状复叶，有小叶3～5，边缘重锯齿，两面被毛。花常单生于侧枝顶端，也有腋生；花梗具柔毛和腺毛，或有极少小皮刺；苞片小，线形，具柔毛；花大，直径3～4厘米；萼片卵状披针形或三角披针形，顶端长尾尖；花瓣倒卵形或近圆形，白色。花期4月，果期5～6月。

大别山各县市均有分布，生于海拔900米以下的山坡路旁阴湿处或灌丛中。

托盘始载于《救荒本草》，名为泼盘，谓："泼盘一名托盘……结子作穗，如半柿大，类小盘堆石榴粒状。下有蒂承，如柿蒂形。"

【入药部位及性味功效】

托盘，为植物蓬蘽的根，夏秋之间采挖，洗净，鲜用或晒干。味酸、微苦，性平。清热解毒，消肿止痛，止血。主治流行性感冒，小儿高热惊厥，咽喉肿痛，牙痛，头痛，风湿筋骨痛，疖肿。

托盘叶，又称饭消扭叶、三月泡叶、刺菠叶，为植物蓬蘽的叶或嫩枝梢。味微苦、酸，性平。清热解毒，收敛止血。主治牙龈肿痛，暴赤火眼，疮疡疖肿，外伤出血。

【经方验方应用例证】

治流行性感冒，感冒：蓬蘽根60克，白英或一枝黄花30克，咳嗽加棉花根30克，水煎服。(《浙江民间常用草药》)

治小儿高热发惊：蓬蘽根3克，水煎服。(《天目山药用植物志》)

治牙周炎：饭消扭嫩梢、车前草各30克，捣汁涂患处。(《浙江民间常用草药》)

治急性结膜炎：饭消扭嫩梢适量，捣汁过滤，滴眼，每日3次。(《浙江民间常用草药》)

【中成药应用例证】

九味痔疮胶囊：清热解毒，燥湿消肿，凉血止血。用于湿热蕴结所致内痔出血，外痔肿痛。

插田泡

Rubus coreanus Miq.

蔷薇科（Rosaceae）悬钩子属落叶灌木。

羽状复叶，小叶通常5枚，稀3枚，边缘粗锯齿，叶下面灰绿色，顶小叶有时3浅裂。伞房花序生于侧枝顶端，具花数朵至三十几朵，总花梗和花梗均被灰白色短柔毛；花直径7～10毫米；萼片长卵形至卵状披针形，顶端渐尖；花瓣倒卵形，淡红色至深红色，花瓣内曲。果实近球形，深红色至紫黑色。花期4～6月，果期6～8月。

大别山各县市均有分布，常生于山坡灌丛或山谷、河边、路旁。

插田泡果以覆盆子之名始载于《名医别录》。现今药用覆盆子，主流品种为其同属植物掌叶覆盆子的果实。

【入药部位及性味功效】

插田泡果，又称覆盆子、插田藨、乌藨子、大麦莓、栽秧藨、高丽悬钩子果实、大乌泡果，为植物插田泡的果实。6～8月成熟采收，鲜用或晒干。味甘、酸，性温。归肝、肾经。补肾固精，平肝明目。主治阳痿，遗精，遗尿，白带，不孕症，胎动不安，风眼流泪，目生翳障。

插田泡叶，又称大乌泡叶，为植物插田泡的叶。春、夏采收，鲜用或晒干。味苦、涩，性凉。祛风明目，除湿解毒。主治风眼流泪，风湿痛，狗咬伤。

倒生根，又称大乌泡根，为植物插田泡的根。9～10月挖根，洗净，切片，晒干。味苦、涩，性凉，无毒。归肝、肾经。活血止血，祛风除湿。主治跌打损伤，骨折，月经不调，吐血，衄血，风湿痹痛，水肿，小便不利，瘰疬。

【经方验方应用例证】

治狗咬伤：大乌泡叶适量，捣敷。(《草木便方今释》)

治风眼流泪：鲜果30克，煎水，以热气熏患眼，汤液内服，每日3次。(《草木便方今释》)

合欢

Albizia julibrissin Durazz.

豆科（Fabaceae）合欢属落叶乔木。

小叶10～30对，线形至长圆形，长6～12毫米，宽1～4毫米，向上偏斜，先端有小尖头，有缘毛。花粉红色；荚果带状，嫩荚有柔毛，老荚无毛。花期6～7月，果期8～10月。

大别山各县市均有分布，生于山坡或栽培。

合欢始载于《神农本草经》，列为中品。《本草图经》云："合欢，夜合也……至秋而实作荚，子极薄细，采皮及叶用，不拘时月。"《本草衍义》云："合欢花……其绿叶至夜则合。"陈藏器云："其叶至暮则合，故云合昏。"亦称夜合。《植物名实图考》："京师呼（合欢树）为绒树，以其花似绒线，故名。"其花丝细长而密，故以绒喻之，干燥时深色，而称乌绒。

山槐［*Albizia kalkora*（Roxburgh）Prain］皮在北京、山西、河北、河南、江苏、江西、湖南、四川等部分地区作合欢皮使用。

【入药部位及性味功效】

合欢皮，又称合昏皮、夜台皮、合欢木皮，为植物合欢的树皮。夏、秋二季剥取，晒干。味甘，性平。归心、肝、肺经。安神解郁，活血消肿。用于心神不安，忧郁失眠、肺痈，疮肿，跌扑伤痛。

合欢花，又称夜合花、乌绒，为植物合欢的花或花蕾。夏季花开放时择晴天采收或花蕾形成时采收，及时晒干。前者习称“合欢花”，后者习称“合欢米”。味甘，性平。归心、肝经。解郁安神，理气开胃，消风明目，活血止痛。用于心神不安，忧郁失眠，风火眼疾，视物不清，腰痛，跌打伤痛。

【经方验方应用例证】

治心烦失眠：合欢皮9克，首乌藤15克，水煎服。(《浙江药用植物志》)

安神补心丸：养心安神。主治由于思虑过度、神经衰弱引起的失眠健忘，头昏耳鸣，心悸。(《中药制剂手册》)

治蜘蛛咬疮：合欢皮，捣为末，和铛下墨，生油调涂。(《本草拾遗》)

参耆大补汤：敛疮口。主治疮疡已破。(《疮疡经验全书》)

合欢饮：用于肺痈久不敛口。(《景岳全书》)

呼脓长肉比天膏：用于诸般痈疽，肿毒，痔漏，恶疮，便毒，臁疮，湿毒，下疳，瘰疬，脓窠，血癣，肥疮，结毒。(《疡科选粹》)

清肝宁心汤：清肝解郁，养心安神。主治肝郁气滞，郁久化火，热忧心神(神经衰弱)。(鼓述宪方)

【中成药应用例证】

养血安神丸：滋阴养血，宁心安神。用于阴虚血少，心悸，头晕，失眠多梦，手足心热。

夜宁冲剂：安神，养心。用于神经衰弱，头昏失眠，血虚多梦等症。

安神益脑丸：补肝益肾，养血安神。用于肝肾不足所致的头痛眩晕，心悸不宁，失眠多梦，健忘。

舒眠胶囊：疏肝解郁，宁心安神。用于肝郁伤神所致的失眠症，症见失眠多梦，精神抑郁或急躁易怒，胸胁苦满或胸膈不畅，口苦目眩，舌边尖略红，苔白或微黄，脉弦。

跌打止痛片：活血祛瘀，消肿止痛。用于跌打损伤，闪腰岔气。

金嗓利咽胶囊：燥湿化痰，疏肝理气。用于咽部不适，咽部异物感，声带肥厚等属于痰湿内阻，肝郁气滞型者。

山槐

Albizia kalkora (Roxb.) Prain

豆科（Fabaceae）合欢属落叶小乔木或灌木。

小叶5～14对，长圆形或长圆状卵形，长1.8～4.5厘米，宽7～20毫米，先端圆钝而有细尖头，基部不等侧。头状花序，花初白色，后变黄。荚果带状，深棕色，嫩荚密被短柔毛，老时无毛。花期5～6月，果期8～10月。

大别山各县市均有分布，常生于山坡灌丛、疏林中。

山槐叶形雅致，盛夏绒花红树，色泽艳丽，可作为庭荫树，或丛植成风景林。根及茎皮药用，能补气活血，消肿止痛；花有催眠作用，嫩枝幼叶可作为野菜食用。其他参见合欢。

【入药部位及性味功效】

山槐亦称山合欢，其皮在北京、山西、河北、河南、江苏、江西、湖南、四川等部分地区作合欢皮使用。

参见合欢。

【经方验方应用例证】

参见合欢。

【中成药应用例证】

参见合欢。

云实

Caesalpinia decapetala (Roth) Alston

豆科（Fabaceae）云实属多刺藤本。

枝、叶轴和花序均被柔毛和钩刺；二回羽状复叶，羽片3～10对，对生，具柄，基部有刺1对；小叶8～12对，膜质，长圆形。总状花序顶生，直立，具多花。花黄色。荚果长圆状舌形，脆革质，栗褐色，无毛，有光泽，沿腹缝线膨胀成狭翅，先端具尖喙。花果期4～10月。

英山、罗田、蕲春等县市均有分布，生于山坡灌丛中及平原、丘陵、河旁等地。

云实始载于《神农本草经》，列为上品。《本草纲目》云："员亦音云，其义未详。豆以子形名。羊石当作羊矢，其子肖之故也。"员实，《本草经考注》："此物圆实，故有此名。"然观其种子反而为长圆形，此说似较勉强。其为攀援植物，荚果多生高处，云实、天豆之名或源于此。

【入药部位及性味功效】

云实，又称员实、天豆、马豆、朝天子、药王子、云实子、云实籽、铁场豆，为植物云实的种子。秋季果实成熟时采收，剥取种子，晒干。味辛，性温。归肺、大肠经。解毒除湿，止咳化痰，杀虫。主治痢疾，疟疾慢性气管炎，小儿疳积，虫积。

云实根，又称牛王茨根、阎王刺根，为植物云实的根或根皮。全年均可采收，挖取根部，洗净，切片或剥取根皮，鲜用或晒干。味苦、辛，性平，无毒。归肺、肾经。祛风除湿，解毒消肿。主治感冒发热，咳嗽，咽喉肿痛，牙痛，风湿痹痛，肝炎，痢疾，淋证，痈疽肿毒，皮肤瘙痒，毒蛇咬伤。

四时青，又称云实叶，为植物云实的叶。夏秋季采收，鲜用或晒干。味苦、辛，性凉。除湿解毒，活血消肿。主治皮肤瘙痒，口疮，痢疾，跌打损伤，产后恶露不尽。

云实蛀虫，又称老姆木虫、阎王刺虫，为植物云实茎及根中寄生的天牛及其近缘昆虫的幼虫。夏、秋季视云实茎中下部有蛀虫孔，有较新鲜的木渣推出孔口外时，将茎截下，用刀纵剖，取出幼虫，冬季及春季幼虫多寄生于根部，可挖根剖取。取出的幼虫置瓦片上焙干，保持虫体完整。鲜用可随时收取。味辛、甘，性温。归肝、脾经。益气，透疹，消疳。主治劳伤，疹毒内陷，疳积。

【经方验方应用例证】

治疟疾：云实9克，水煎服。(《湖南药物志》)

治皮肤瘙痒：云实根60克，猪瘦肉酌量，煎服。(《福建药物志》)

治肝炎：①急性肝炎，云实根60克，白马骨根、虎杖根、车前草各30克，水煎，调白糖服；②慢性肝炎，云实根60克，白芍、白英各6克，木香5克，红刺10枚，水煎，调白糖服。(《福建药物志》)

治鼻炎：云实蛀虫1条烘干研粉，吹入鼻孔。(《中国民族药志》)

治皮肤瘙痒，疮疖：云实枝叶，水煎外洗。(《四川中药志》1979年)

治产后恶露不尽：云实（叶、茎、果）120克，水煎，兑酒服。(《湖南药物志》)

【中成药应用例证】

云实感冒合剂：解表散寒、祛风止痛、止咳化痰。用于风寒感冒所致的头痛，恶寒发热，鼻塞，流涕，咳嗽痰多等症。

散寒感冒片：解表散寒，止咳祛痰。用于治疗伤风感冒及感冒合并支气管炎者。

马兰感寒胶囊：辛温解表，宣肺止咳。用于治疗风寒感冒出现的头痛，恶寒发热，流涕咳嗽等。

【现代临床应用】

云实用于治疗慢性支气管炎。

皂荚

Gleditsia sinensis Lam.

豆科（Fabaceae）皂荚属落叶乔木。

棘刺圆柱形。一回羽状复叶，小叶3～10对，卵形或椭圆形，顶端钝或侧凹，中脉在小叶基部居中或微偏斜边缘具不规则齿牙。总状花序，花杂性，黄白色。子房无毛或仅缝线处和基部被柔毛。荚果肥厚，不扭转，劲直或指状稍弯呈猪牙状，具种子多颗。花期3～5月，果期5～12月。

麻城、英山、罗田等县市有分布。生于山坡林中或谷地、路旁；或常栽培于庭院或宅旁。

皂荚始载于《神农本草经》。李时珍云："荚之树皂，故名。"皂者，乌黑色之谓也。皂荚紫黑色，故以皂为名。其形如角如刀，故又名皂角、悬刀。以长大者为佳，而缀以"长、大"之称。乌犀者，犀以角著名，故乌犀隐指乌角。鸡栖者，暮也，为乌黑之隐语，鸡栖子即皂角也。

猪牙皂是皂荚树因衰老或受伤后所结的发育不正常的果实。

【入药部位及性味功效】

皂荚叶，为植物皂荚的叶，春季采，晒干。味辛，性温。归肺经。祛风解毒，生发。主治风热疮癣，毛发不生。

皂荚子，又称皂角子、皂子、皂儿、皂角核，为植物皂荚的种子。秋季果实成熟时采收，剥取种子晒干。味辛，性温，有毒。归肺、大肠经。润肠通便，祛风散热，化痰散结。主治大便燥结，肠风下血，痢疾里急后重，痰喘肿满，疝气疼痛，瘰疬，肿毒，疮癣。

皂角刺，又称皂荚刺、皂刺、天丁明、皂角针、皂针，为植物皂荚、山皂荚的棘刺。全年可采，以9月至翌年3月间为宜，切片晒干。味辛，性温。归肝、肺、胃经。消肿透脓，搜风，杀虫。主治痈疽肿毒，疮疹顽癣，产后缺乳，胎衣不下。

皂荚，又称鸡栖子、皂角、大皂荚、长皂荚、悬刀、长皂角、大皂角、乌犀，为植物皂荚的果实或不育果实。前者称皂荚，后者称猪牙皂。皂荚栽培5～6年后即结果，秋季果实即将成熟变黑时采收，晒干。味辛、咸，性温，有小毒。归肺、肝、胃、大肠经。祛痰止咳，开窍通闭，杀虫散结。用于痰咳喘满，中风口噤，痰涎壅盛，神昏不语，癫痫，喉痹，二便不通，痈肿疥癣。

猪牙皂，为植物皂荚的不育（畸形）果实。秋季采收，除去杂质，干燥。味辛、咸，性温，有小毒。归肺、大肠经。痰开窍，散结消肿。用于中风口噤，昏迷不醒，癫痫痰盛，关窍不通，喉痹痰阻，顽痰喘咳，咯痰不爽，大便燥结，外治痈肿。

皂荚木皮，又称木乳，为植物皂荚的茎皮和根皮。秋冬采收，切片晒干。味辛，性温，无毒。解毒散结，祛风杀虫。主治淋巴结核，无名肿毒，风湿骨痛，疮癣，恶疮。

【经方验方应用例证】

治发不长：皂荚叶适量，揉搓，煎水，洗头。(《普济方》)

治一切疔肿：皂荚子取仁，作末敷。(《千金要方》)

治一切恶疮：皂角子15粒，冷水送下，并二三服。(《普济方》)

巴豆丸：用于心腹积聚，时有疼痛。(《圣惠》)

白蒺藜丸：用于风头旋，目运痰逆。(《圣济总录》)

贝母散：用于小儿感寒咳嗽，痰涎不利。(《圣济总录》)

救急稀涎散：用于中风闭证，痰涎壅盛，痰声漉漉，不省人事，不能言语，但不遗尿，脉象滑实有力者，亦治喉痹。(《圣济总录》)

【中成药应用例证】

利胆石颗粒：疏肝利胆，和胃健脾。用于胆囊结石，胆道感染，胆道术后综合征。

咳喘橡胶膏：温肺化痰、平喘止咳。用于受寒引起的气管炎，并有预防气管炎的作用。

止痛消炎软膏：消肿止痛。

气管炎橡胶膏（咳喘橡胶膏）：温肺化痰、平喘止咳。用于受寒引起的气管炎，并有预防气管炎的作用（有咳血史和高血压患者忌用）。

儿肤康搽剂：清热除湿，祛风止痒。用于儿童湿疹、热痱、荨麻疹等证属实热证或风热证的辅助治疗。

伤科活血酊：活血行气，祛湿消肿，行瘀止痛。用于急性闭合性软组织扭伤、挫伤所致的肿胀，疼痛，瘀斑。

小儿急惊散：清热镇惊，祛风化痰。用于小儿脏腑积热，清浊不分引起急热惊风，手足抽搐，目睛上视，痰涎壅盛，身热咳嗽，气促作喘，烦燥口渴。

【现代临床应用】

皂荚可用于治疗急性肠梗阻、小儿厌食症、产后急性乳腺炎。

绿叶胡枝子

Lespedeza buergeri Miq.

豆科（Fabaceae）胡枝子属落叶灌木。

小枝疏被柔毛；叶具3小叶，小叶卵状椭圆形，先端急尖，上面鲜绿色，光滑无毛，下面灰绿色。密被贴生的毛。总状花序腋生，比叶长。花冠淡黄绿色。翼瓣先端有时稍带紫色，花期6～7月，果期8～9月。

英山、罗田、麻城、蕲春、黄梅等地有分布，生于海拔1500米以下山坡、林下、山沟和路旁。

胡枝子始载于《救荒本草》，称为随军茶，云其生平泽中，有二种，大叶者类黑豆叶，小叶者类蓍草，叶似苜蓿而长大，花色有紫、白，结子如粟粒大。《植物名实图考》则以和血丹之名收载。其在日本深受喜爱，被列入“秋日七草”之一，即萩、葛花、抚子花、尾花、女郎花、藤袴、朝颜。萩即为胡枝子。胡枝子叶互生，三出复叶，因此还有一个名叫“三妹子”，是说它的叶子总是三片三片地长出来。

【入药部位及性味功效】

女金丹，又称血人参、土附子、山附子、知天文、三父子、三兄弟、三姐妹、九月豆，为植物绿叶胡枝子的根。夏、秋采挖，洗净，去掉粗皮，鲜用或晒干。味辛、微苦，性平。清热解表，化痰，利湿，活血止痛。主治感冒发热，咳嗽，肺痈，小儿哮喘，黄疸，胃痛，胸痛，瘀血腹痛，风湿痹痛，疔疮痈疽，丹毒。

三叶青，为植物绿叶胡枝子的叶。夏、秋季采叶，鲜用。清热解毒。主治痈疽发背。捣烂外敷。

【经方验方应用例证】

治小儿痰哮：血人参干根30克，水煎1杯，冲蜂蜜服。（《闽东本草》）

治全身发黄，四肢无力：血人参90克，豆腐250克，炖服。（《福建民间草药》）

美丽胡枝子

Lespedeza thunbergii subsp. formosa (Vogel) H. Ohashi

豆科（Fabaceae）胡枝子属落叶灌木。

多分枝，枝伸展，被疏柔毛；叶具3小叶，小叶椭圆形、长圆状椭圆形或卵形，先端有小尖。总状花序单一，腋生，比叶长；花冠红紫色；花萼5深裂，裂片长圆状披针形，长为萼筒的2～4倍。花期7～9月，果期9～10月。

大别山区各县市均有分布，生于海拔1500米以下山坡、路旁及林缘灌丛中。

美丽胡枝子可以长到三米高，耐寒（-30℃），耐盐碱，耐瘠薄，耐旱，喜光但可以长在大树下依然生长良好。其它参见绿叶胡枝子。

【入药部位及性味功效】

马扫帚，又称三妹子、假蓝根、碎蓝木、沙牛木、白花羊轱枣、红布纱、马须草、马乌材、羊古草、夜关门、鸡丢枝、三必根、小布骚柴，为植物美丽胡枝子的茎叶。夏季开花前采收，鲜用或切段晒干。味苦，性平。清热利尿通淋。主治热淋，小便不利。

马扫帚花，又称把天门花，为植物美丽胡枝子的花。夏季花盛开时采摘，鲜用或晒干。

味甘，性平。清热凉血。主治肺热咳嗽，便血，尿血。

马扫帚根，又称把马胡须、苗长根，为植物美丽胡枝子的根。夏、秋季挖根，除去须根，洗净，鲜用或切片晒干。味苦、辛，性平。清热解毒，祛风除湿，活血止痛。主治肺痈，乳痈，疖肿，腹泻，风湿痹痛，跌打损伤，骨折。

【经方验方应用例证】

治小便不利：美丽胡枝子鲜茎叶30～60克，金丝草鲜全草30克，水煎服。(《福建中草药》)

治慢性气管炎：美丽胡枝子花、千日红、肺形草各9克，单叶铁线莲4.5克，水煎，冰糖调服。(《浙江药用植物志》)

治肺热咳血，便血，尿血：把天门鲜花60克，水煎服。(《广西本草选编》)

治肺痈：美丽胡枝子干根60克，水煎，调白砂糖服。《广西中草药》

治腹泻：美丽胡枝子根皮30克，水煎服。(《湖南药物志》)

截叶铁扫帚

Lespedeza cuneata (Dum.-Cours.) G. Don

豆科（Fabaceae）胡枝子属落叶小灌木。

茎直立或斜升，被毛。叶密集，柄短；3小叶，小叶楔形或线状楔形，先端截形。总状花序具花2～4朵；花萼长不及花冠之半；花冠淡黄色或白色，闭锁花簇生于叶腋。花期7～8月，果期9～10月。

大别山区分布较广，生于山坡路旁。

以铁扫帚之名始载于《救荒本草》，云："铁扫帚生荒野中，就地丛生……叶似苜蓿叶而细长，又似胡枝子叶而短小，开小白花，其叶味苦。"

【入药部位及性味功效】

夜关门，又称铁扫帚、封草、野鸡草、菌串子、小首蓿、顺晕、掐不齐、千里光、胡蝇翼、半天雷、狐狸嘴、蝗虫串、闭门草、暗草公母草、铁马鞭、退烧草、蛇垮皮、风交尾、化食草、三叶公母草、阴阳草、小叶米筛柴、大力王、关门草、马尾草、夜闭草、火鱼草、石青蓬、穿鱼串、串鱼草、铁杆蒿、蛇药草，为植物截叶铁扫帚的全草或根。播种当年9～10

月结果盛期收获1次（留种的可稍迟）。齐地割起，去杂质，晒干或洗净鲜用。味苦、涩，性凉。归肝、肾经。补肾涩精，健脾利湿，祛痰止咳，清热解毒。主治肾虚，遗精，遗尿，尿频，白浊，带下，泄泻，痢疾，水肿，小儿疳积，咳嗽气喘，跌打损伤，目赤肿痛，痈疮肿毒，毒虫咬伤。

【经方验方应用例证】

治糖尿病：截叶铁扫帚鲜根120克，雄鸡1只（杀死去毛，剖腹，去肠杂后不落水，将药纳入鸡腹内），炖熟，饭前空腹食，分2天服完。（《四川中药志》1979年）

治急性肾炎：截叶铁扫帚、乌药、积雪草各30克，白马骨15克，水煎服，每日1剂。（《全国中草药汇编》）

治腹水：夜关门30克，炖鸭肉，于2天分服。（《陕西中草药》）

催产：截叶铁扫帚24～30克，红糖为引，水煎服。（《云南中草药》）

【中成药应用例证】

葛芪胶囊：益气养阴，生津止渴。用于气阴两虚所致消渴病，症见倦怠乏力，气短懒言，烦热多汗，口渴喜饮，小便清长，耳鸣腰酸，以及Ⅱ型糖尿病见以上症状者。

克泻敏颗粒：收敛止泻。用于腹泻，消化不良，急性胃肠炎等。

铁帚清浊丸：清热解毒、利湿去浊。用于慢性前列腺炎属下焦湿热证。

【现代临床应用】

夜关门可用于治疗急性胃炎、痢疾、慢性气管炎、毒蛇咬伤。

野葛

Pueraria montana (Loureiro) Merrill

豆科（Fabaceae）葛属多年生木质藤本。

块根肥厚，全株被黄色长硬毛。小叶三裂，偶尔全缘，顶生小叶宽卵形或斜卵形。花冠紫色，旗瓣基部有一黄色硬痂状附属体。荚果线形，稍扁或圆柱形。花期7～9月，果期10～12月。

大别山各县市均有分布，常生于旷野灌木丛中或山地疏林下。

葛根始载于《神农本草经》，列为中品。《说文解字》："从艹，曷声。"《尔雅·释诂》："曷，止也。"本品蔓生缠绕，遇之则遏止难行，声旁兼表义，故名"葛"。《本草纲目》："鹿食九草，此其一种，故曰鹿藿。"葛根味甘，粉性足者为佳，故有甘葛、粉葛之名。

同属植物中的三裂叶野葛藤、食用葛藤、峨眉葛藤也在部分地区作葛根药用。

【入药部位及性味功效】

葛根，又称鸡齐根、干葛、甘葛、粉葛、葛葛根、葛麻茹、葛子根、葛条根，为植物野葛、甘葛藤的根。栽培3～4年采挖，在冬季叶片枯黄后到发芽前进行。块根挖出，去掉藤蔓，切下跟头作种，除去泥沙，刮去粗皮，切成1.5～2厘米的斜片，晒干或烘干（广东等地切片后用盐水、白矾水或淘米水浸泡，再用硫黄熏后晒干，较白净）。味甘、辛，性凉。归脾、胃、肺经。解肌退热，生津止渴，透疹，升阳止泻，通经活络，解酒毒。用于外感发热头痛，项背强痛，口渴，消渴，麻疹不透，热痢，泄泻，眩晕头痛，中风偏瘫，胸痹心痛，酒毒伤中，高血压，冠心病。

葛粉，为植物野葛、甘葛藤的块根经水磨而澄取的淀粉。味甘，性寒。归胃经。解热除烦，生津止渴。主治烦热，口渴，醉酒，喉痹，疮疖。

葛谷，为植物野葛、甘葛藤的种子，秋季果实成熟时采收，打下种子，晒干。味甘，性平。归大肠、胃经。健脾止泻，解酒。主治泄泻，痢疾，饮酒过度。

葛花，又称葛条花，为植物野葛、甘葛藤的花。立秋后当花未全放时采收，去枝叶，晒干。味甘，性凉。归胃、脾经。解酒醒脾，止血。主治伤酒烦热口渴，头痛头晕，脘腹胀满，呕逆吐酸，不思饮食，吐血，肠风下血。

葛蔓，又称葛藤蔓、葛藤，为植物野葛、甘葛藤的藤茎，全年可采，鲜用或晒干。味甘，性寒。归肺经。清热解毒，消肿。主治喉痹，疮痈疖肿。

葛叶，为植物野葛、甘葛藤的叶，全年可采，鲜用或晒干。味甘、微涩，性凉。归肝经。止血。主治外伤出血。

【经方验方应用例证】

治酒醉不醒：葛根汁，一斗二升饮之。取醒止。(《千金要方》)

防酒醉，醉则不损人：葛花并小豆花子，末为散。服三二匕。又时进葛根饮、枇杷叶饮。(《肘后方》)

葛花散：治饮酒中毒。葛花一两。上一味，捣为散，沸汤点一大钱匕，不拘时候，亦可煎服。(《圣济总录》)

治蜘蛛等诸般虫咬：葛粉，生姜汁调敷。(《医学纲要》)

葛粉散：小儿夏月痱疮及热疮。(《圣惠》)

葛根散（解酒毒）：治饮酒过度，酒毒内蕴者。甘草、干葛花、葛根、缩砂仁、贯众各等份，上为粗末。水煎三五钱，去滓服之。(《儒门事亲》)

葛花解醒汤：饮酒太过，呕吐痰逆，心神烦乱，胸膈痞塞，手足战摇，饮食减少，小便不利。或酒积，以致口舌生疮，牙疼，泄泻，或成饮癖。(《内外伤辨》)

葛叶散：续筋骨，敛血，止痛。主治金疮。(《圣济总录》)

【中成药应用例证】

七味消渴胶囊：滋阴壮阳，益气活血。用于消渴病（糖尿病Ⅱ型），阴阳两虚兼气虚血瘀证。

丹蒌片：宽胸通阳，化痰散结，活血化瘀。用于痰瘀互结所致的胸痹心痛，症见胸闷，胸痛，憋气，舌质紫暗，苔白腻；冠心病心绞痛见上述证候者亦可应用。

保心包：芳香开窍，活血化瘀，通痹止痛。适用于胸痹心痛属于气滞血瘀或痰瘀交阻证型者，并可防治冠心病心绞痛。

冠心通片：活血化瘀，行气通脉。用于气滞血瘀证的冠心病心绞痛，症见胸闷，胸痛，气短，心悸。

参七脑康胶囊：疏风散寒，祛痰止咳。用于体弱风寒感冒，恶寒发热，头痛鼻塞，咳嗽痰多，胸闷呕逆。

金菊五花茶颗粒：清热利湿，凉血解毒，清肝明目。用于大肠湿热所致的泄泻，痢疾，便血，痔血，以及肝热目赤，风热咽痛，口舌溃烂。

苦参

Sophora flavescens Ait.

豆科（Fabaceae）槐属亚灌木。

小叶13～25，互生或近对生，纸质，形状多变，椭圆形、卵形、披针形至披针状线形。荚果长5～10厘米，种子间稍缢缩，呈不明显串珠状，稍四棱形，疏被短柔毛或近无毛。花期6～8月，果期7～10月。

大别山各县市均有分布，生于山坡、沙地草坡灌木林中或田野附近。

苦参始载于《神农本草经》，列为上品。李时珍云："苦以味名，参以功名，槐以叶形名也。"苦骨者，喻其根形如骨也。

【入药部位及性味功效】

苦参实，又称苦参子、苦豆，为植物苦参的种子。7～8月果实成熟时采收，晒干，打下种子，去净果壳、杂质，再晒干。味苦，性寒。归肝、脾、大肠经。清热解毒，通便，杀虫。主治急性细菌性痢疾，大便秘结，蛔虫症。

苦参，又称苦骨、川参、凤凰爪、牛参、地骨、野槐根、山槐根、地参，为植物苦参的根。春、秋二季采挖，除去根头和小支根，洗净，干燥，或趁鲜切片，干燥。味苦，性寒。

归心、肝、胃、大肠、膀胱经。清热燥湿，杀虫，利尿。用于热痢，便血，黄疸尿闭，赤白带下，阴肿阴痒，湿疹，湿疮，皮肤瘙痒，疥癣麻风；外治滴虫性阴道炎。

【经方验方应用例证】

凉血消风散：凉血清热，养血消风。主治脂溢性皮炎，人工荨麻疹，玫瑰糠疹。(《朱仁康临床经验集》)

苦参汤：清热燥湿止痒。主治疥癞，疯癞，疮疡。(《中医大辞典》)

八仙逍遥散：祛风除湿止痛。主治跌打损伤，肿硬疼痛，及一切风湿疼痛。(《医宗金鉴》)

当归拈痛汤：燥湿清热，上下分消，宣通经脉。主治湿热为病，肢节烦痛，肩背沉重，胸膈不利，遍身疼，下注于胫，肿痛不可忍。(《医学启源》)

陀僧膏：收敛生肌。主治恶疮，流注，瘰疬，跌仆损伤，金刃伤。(《医宗金鉴》)

秦艽丸：清热除湿，祛风止痒。主治风湿热毒外侵，遍身生疥，干痒，搔之皮起，现用于脓窠疮，慢性湿疹，神经性皮炎，皮肤瘙痒症，寻常性狼疮，盘状性红斑狼疮。(《太平圣惠方》)

【中成药应用例证】

丹芎瘢痕涂膜：活血化瘀，软坚止痒。用于减轻和辅助治疗烧烫伤创面愈合后的瘢痕增生。

克痒舒洗液：清热利湿，杀虫止痒。用于霉菌性、滴虫性阴道炎属湿热下注证者，症见带下量多、色白呈豆腐渣样，或色黄、黄绿色，阴部瘙痒，甚则痒痛，口苦黏腻，脘闷纳呆，小便短少或尿频数涩痛。

养阴清胃颗粒：养阴清胃，健脾和中。用于慢性萎缩性胃炎属郁热蕴胃，伤及气阴证，症见胃脘痞满或疼痛，胃中灼热、恶心呕吐，泛酸呕苦，口臭不爽，便干等。

参白化痔胶囊：清热解毒，凉血止血。用于Ⅰ、Ⅱ期内痔及混合痔属大肠湿热证所致的便血、肛门坠胀或坠痛，大便干燥或秘结等症。

复方芙蓉泡腾栓：清热燥湿，杀虫止痒。用于湿热型阴痒（包括滴虫性、霉菌性阴道炎），症见阴部潮红，肿胀，甚则痒痛，带下量多，色黄如脓，或呈泡沫米泔样或豆腐渣样，其气腥臭，舌红，苔黄腻，脉濡数。

槐

Styphnolobium japonicum (L.) Schott

豆科（Fabaceae）槐属落叶乔木。

叶柄基部膨大，包裹芽；小叶9～15，对生或近互生，纸质，卵状披针形或卵状长圆形。圆锥花序顶生，常呈金字塔形，花冠白色或淡黄色。荚果串珠状，长2.5～5厘米或稍长。花期7～8月，果期8～10月。

大别山各县市均有分布，生于海拔1200米以下的山坡路旁或宅边。

《神农本草经》收载“槐实”，《嘉佑本草》据《日华子》资料另立“槐花”条。槐之言嵬也，槐树高大，故以高为名。未开之花为蕊，槐花用其花蕾，故称槐蕊。故所用槐花以未开者为佳。

荚果性状像角，故谓之“角”。《本草纲目》云：“角曰荚。”槐角之名，义亦从此。又槐角呈连珠状，故有槐连豆之名。

【入药部位及性味功效】

槐根，又称槐花根，为植物槐的根。全年均可采，挖取根部，洗净，晒干。味苦，性平。归肺、大肠经。散瘀消肿，杀虫。主治痔疮，喉痹，蛔虫病。

槐胶，为植物槐的树脂。夏、秋季采收。味苦，性寒。归肝经。平肝，息风，化痰。主治中风口噤，筋脉抽掣拘急或四肢不收，破伤风，顽痹，风热耳聋，耳闭。

槐叶，为植物槐的叶。春、夏季采收，晒干或鲜用。味苦，性平。归肝、胃经。清肝泻火，凉血解毒，燥湿杀虫。主治小儿惊痫，壮热，肠风，尿血，痔疮，湿疹，疥癣，痈疮疔肿。

槐枝，为植物槐的嫩枝。春季采收，晒干鲜用。味苦，性平。归心、肝经。散瘀止血，清热燥湿，祛风杀虫。主治崩漏，赤白带下，痔疮，阴囊湿痒，心痛，目赤，疥癣。

槐白皮，又称槐皮，为植物槐的树皮或根皮的韧皮部。树皮，全年可采，除去栓皮用。根皮，秋冬挖根，剥取根皮，除去外层栓皮，洗净，切段，晒干或鲜用。味苦，性平。祛风除湿，敛疮生肌，消肿解毒。主治风邪外中，身体强直，肌肤不仁，热病口疮，痔疮，痈疽疮疡，阴部湿疮，水火烫伤。

槐花，又称槐蕊，为植物槐的花及花蕾。夏季花开放或花蕾形成时采收，即使干燥，除去枝、梗及杂质。前者习称“槐花”，后者习称“槐米”。味苦，性微寒。归肝、大肠经。凉血止血，清肝泻火。用于便血，痔血，血痢，崩漏，吐血，衄血，肝热目赤，头痛眩晕。

槐角，又称槐实、槐子、槐荚、槐豆、槐连灯、九连灯、天豆、槐连豆，为植物槐的果实。多于11～12月果实成熟采收。将打落或摘下的果实平铺席上，晒至干透成黄绿色时，除去果柄及杂质，或以沸水稍烫后再晒至足干。味苦，性寒。归肝、大肠经。清热泻火，凉血止血。用于肠热便血，痔肿出血，肝热头痛，眩晕目赤。

【经方验方应用例证】

治中风身直，不得屈伸反复者：槐皮（黄白皮），切之，以酒水共六升，煮取二升。去渣，适寒温，稍稍服之。(《肘后方》)

治皮肤瘙痒，疥癣：槐叶或嫩槐枝煎水洗。(《安徽中草药》)

治高血压：槐角、黄芩各9克，水煎服。(《安徽中草药》)

楝根汤：主治小儿蛔虫攻心腹痛。(《圣济总录》)

槐胶丸：主治风气肢节疼痛，遍身搔痒麻木，头目昏痛，咽膈烦满。(《圣济总录》)

槐茶：明目，益气，除邪，利脏腑，顺气，除风。主治老人热风下血，齿疼。(《养老奉亲》)

云母膏：治一切疮肿伤折等病。(《宋·太平惠民和剂局方》)

万灵膏：活血化瘀，消肿止痛。主治痞积，并未溃肿毒，瘰疬痰核，跌打闪挫，及心腹疼痛，泻痢，风气，杖疮。(《万氏家抄方》)

太乙膏：消肿清火，解毒生肌。主治一切疮疡已溃或未溃者。(《外科正宗》)

槐花散：清肠止血，疏风行气。主治风热湿毒，壅遏肠道，损伤血络证。(《普济本事方》)

凉血地黄汤：清热燥湿，养血凉荣。主治时值长夏，湿热大盛，客气胜而主气弱，肠澼病甚。(《脾胃论》)

槐角丸：肠止血，驱湿毒。主治肠风，痔漏下血，伴里急后重，肛门痒痛者。(《太平惠民和剂局方》)

【中成药应用例证】

十五制清宁丸：清理胃肠，泻热通便。用于胃肠积热，饮食停滞，腹胁胀满，头晕口干，大便秘结。

通络骨质宁膏：祛风除湿，活血化瘀。用于骨质增生，关节痹痛。

豨莶风湿片：祛风除湿，通络止痛。用于四肢麻痹，腰膝无力，骨节疼痛及风湿性关节炎。

天智颗粒：平肝潜阳、补益肝肾、益智安神。用于肝阳上亢中风引起的头晕目眩、头痛失眠，烦躁易怒，口苦咽干，腰膝酸软，智能减退，思维迟缓，定向性差；轻中度血管性痴呆属上述证候者亦可应用。

尿毒灵软膏：通腑泄浊，利尿消肿。用于全身浮肿，恶心呕吐，大便不通，无尿少尿，头痛烦躁，舌黄，苔腻，脉实有力，以及肾功能衰竭、氮质血症及肾性高血压。

痔康胶囊：清热泻火，凉血止血，消肿止痛，润肠通便。用于Ⅰ、Ⅱ期内痔属风热及湿热下注所致的便血、肛门肿痛、下坠感。

复方夏枯草降压糖浆：平肝降火，止眩。用于肝火上炎，眩晕头痛，失眠多梦，心烦口苦。

槐角地榆丸：清热止血，消肿止痛。用于大便下血，大肠积热，痔疮肿痛。

花椒

Zanthoxylum bungeanum Maxim.

芸香科（Rutaceae）花椒属落叶小乔木。

茎干上刺常早落，枝上刺基部具宽而扁的长三角形。奇数羽状复叶，叶轴具窄翅，小叶5～13，卵形，叶翼甚窄；叶缘具细裂齿；叶背干后有红褐色斑纹。聚伞状圆锥花序顶生，花序轴及花梗密被柔毛或无毛；花被片黄绿色，大小近相同；雄花具5～8雄蕊；雌花具心皮3或2个，间有4个；果紫红色，油点微凸起，芒尖甚短或无。花期4～5月，果期8～9月或10月。

生于平原至海拔较高的山地，耐旱，喜阳光，大别山各地多栽种。

以椴、大椒之名始载于《尔雅》。《神农本草经》收载“秦椒”为中品，“蜀椒”为下品。主要产于古代的秦地、蜀地，故名秦椒、蜀椒。川椒、巴椒、汉椒以同蜀椒。果实成熟时开裂如花，故名花椒。其外果皮上多见疣状突起，故称点椒。使用时微炒至汗出，而称汗椒。椒，《说文解字》作茶从赤，本为豆之总名，椒之目如豆，故称椒。诸家本草所述秦椒和蜀椒均系植物花椒，其分布广，多为栽培种，系现今花椒主流品种之一。《中华人民共和国药典》还收载青椒为花椒的品质之一。

【入药部位及性味功效】

花椒，又称椴、大椒、秦椒、南椒、巴椒、蓎藙、陆拨、汉椒、点椒，为植物花椒、青椒的果皮。培育2～3年，9～10月果实成熟，选晴天，剪下果穗，摊开晾晒，待果实开裂，果皮与种子分开后，晒干。味辛，性温。归脾、胃、肾经。温中止痛，除湿止泻，杀虫止痒。主治脘腹冷痛，呕吐泄泻，虫积腹痛，肺寒咳嗽，龋齿牙痛，阴痒带下，湿疹皮肤瘙痒。

花椒根，为植物花椒的根。全年均可采，挖根，洗净，切片晒干。味辛，性温。归肾、膀胱经。散寒，除湿，止痛，杀虫。主治虚寒血淋，风湿痹痛，胃痛，牙痛，痔疮，湿疮，脚气，蛔虫病。

花椒叶，又称椒叶，为植物花椒、青椒的叶。全年均可采收，鲜用或晒干。味辛，性热。归大肠、脾、胃经。温中散寒，燥湿健脾，杀虫解毒。主治奔豚，寒积，霍乱转筋，脱肛，脚气，风弦烂眼，漆疮，疥疮，毒蛇咬伤。

椒目，又称川椒目，为植物花椒、青椒的种子。待果实开裂，果皮与种子分开时，取出种子。味苦、辛，性温。行水消肿，祛痰平喘。主治水肿胀满，哮喘。

花椒茎，为植物花椒的茎。全年可采，砍取茎，切片晒干。味辛，性热。祛风散寒。主治风疹。

【经方验方应用例证】

保真神应丸：用于男女吐血，咳嗽气喘，痰涎壅盛，骨蒸潮热，面色萎黄，日晡面炽，睡卧不宁者。(《玉案》)

海桐皮汤：通畅气血，舒展经络，消退肿胀。主治跌打损伤，筋翻骨错疼痛不止。(《医宗金鉴》)

万灵膏：活血化瘀，消肿止痛。主治痞积，并未溃肿毒，瘰疬痰核，跌打闪挫，及心腹疼痛，泻痢，风气，杖疮。(《万氏家抄方》)

艾叶洗剂：用于慢性湿疹、过敏性皮炎、泛发性神经皮炎。(《中医皮肤病学简编》)

擦牙固齿散：清胃热，止牙痛。主治胃火牙痛，牙缝出血，恶秽口臭。(《北京市中药成方选集》)

参椒汤：主治疥疮。(《外科证治全书》)

【中成药应用例证】

强龙益肾片：补肾壮阳，安神定志。用于肾阳不足，阳痿早泄，腰腿酸痛，记忆衰退。

克痒舒洗液：清热利湿，杀虫止痒。用于霉菌性、滴虫性阴道炎属湿热下注证者，症见带下量多、色白呈豆腐渣样，或色黄、黄绿色，阴部瘙痒，甚则痒痛，口苦黏腻，脘闷纳呆，小便短少或尿频数涩痛。

伤复欣喷雾剂：清热泻火，化腐生肌。用于热毒灼肤证之浅Ⅱ度烧烫伤（面积在10%以下）。

回生口服液：消癥化瘀。用于原发性肝癌、肺癌。

固肠胶囊：散寒清热、调和气血、涩肠止泻。用于寒热错杂、虚实互见的肠易激综合征，症见大便清稀或夹有少许白粘冻，或完谷不化，甚则滑脱不禁，腹痛肠鸣，畏寒肢冷，腰膝酸软。

复方牙痛宁搽剂：消肿止痛。本品用于牙痛，牙周肿痛。

野花椒

Zanthoxylum simulans Hance

芸香科（Rutaceae）花椒属落叶灌木或小乔木。

枝干散生基部宽而扁的锐刺。奇数羽状复叶，叶轴具窄翅；小叶5～15，油点多，干后半透明且常微凸起，叶面常有刚毛状细刺。聚伞状圆锥花序顶生；花被片5～8，1轮，大小近相等，淡黄绿色；雄花具5～8（10）雄蕊；雌花具2～3心皮；果红褐色，基部具伸长子房柄，油点多且凸起。花期3～5月，果期7～9月。

大别山各县市低海拔地区有分布，生于平地、低丘陵或略高的山地疏或密林下。

始载于《西藏常用中草药》。果、叶、根供药用。为散寒健胃药，有止吐泻和利尿作用，又能提取芳香油及脂肪油；叶和果是食品调味料。

【入药部位及性味功效】

野花椒，为植物野花椒的果实。7～8月采收成熟的果实，除去杂质，晒干。味辛，性温，有小毒。归胃、肾经。温中止痛，杀虫止痒。主治脾胃虚寒，脘腹冷痛，呕吐，泄泻，蛔虫腹痛，湿疹，皮肤瘙痒，阴痒，龋齿疼痛。

野花椒皮，为植物野花椒的根皮或茎皮。春、夏、秋季剥皮，鲜用或晒干。味辛，性温。祛风除湿，散寒止痛，解毒。主治风寒湿痹，筋骨麻木，脘腹冷痛，吐泻，牙痛，皮肤疮疡，毒蛇咬伤。

野花椒叶，又称花椒叶、麻醉根叶，为植物野花椒的叶。7～9月采收带叶的小枝，晒干或鲜用。味辛，性温。祛风除湿，活血通络。主治风寒湿痹，闭经，跌打损伤，阴疽，皮肤瘙痒。

【经方验方应用例证】

回乳：野花椒果壳9～15克，煎水兑糖服，连服2天。(《湖南药物志》)

治湿疹、皮肤瘙痒：野花椒果、明矾各9克，苦参30克，地肤子15克。水煎熏洗患处。(《全国中草药汇编》)

治跌打损伤：野花椒叶15～30克，煎汤，黄酒送服。(《泉州本草》)

治咯血、吐血：野花椒叶，烧灰为末。每日3次，童便送服。(《泉州本草》)

治脂溢性皮炎：野花椒果壳（炒）60克，铜绿（炒）、轻粉、枯矾各30克，研细末，香油调搽，每日2～3次。(《湖南药物志》)

【中成药应用例证】

痔痛安搽剂：清热燥湿，凉血止血，消肿止痛。用于湿热蕴结所致的外痔肿痛，肛周瘙痒。

竹叶花椒

Zanthoxylum armatum DC.

芸香科（Rutaceae）花椒属落叶小乔木。

茎枝多锐刺；奇数羽状复叶，叶轴、叶柄具翅，小叶3～9，常披针形，翼叶明显，顶端小叶最大，基部一对最小，背面中脉有小刺；叶具细小裂齿或近于全缘。聚伞状圆锥花序腋生或兼生于侧枝之顶，具花约30朵；花被片6～8，1轮，大小几乎相同，淡黄色；雄花具5～6雄蕊，雌花具2～3心皮；果紫红色，油点微凸起。花期4～5月，果期8～10月。

团风、英山、罗田等地有分布，生于低海拔丘陵坡地。

始载于《本草图经》，云："今成皋诸山谓之竹叶椒，其木亦如蜀椒，少毒热，不中合药，可著饮食中。"《本草纲目》载："今成都诸山有竹叶椒，其木亦如蜀椒。"经过历代本草考证，竹叶椒可认为是传统药用花椒的一个品种。

【入药部位及性味功效】

竹叶椒，又称狗花椒、花胡椒、野花椒、臭花椒、三叶花椒、山胡椒、玉椒、山花椒、鸡椒、白总管、万花针、岩椒，为植物竹叶花椒的果皮。6～8月果实成熟时采收，晒干，除去种子及杂质。味辛、微苦，性温，小毒。归脾、胃经。温中燥湿，散寒止痛，杀虫止痒。用于脘腹冷痛，呕吐泄泻，虫积腹痛，龋齿牙痛，外用治湿疹，疥癣痒疮。

竹叶椒根，又称散血飞、见血飞、野花椒根、竹叶总管根，为植物竹叶花椒的根或根皮。全年可采挖，洗净，根皮鲜用或连根切片晒干。味辛、微苦，性温，有小毒。归肾、膀胱经。

祛风散寒，温中理气，活血止痛。主治风湿痹痛，胃脘疼痛，牙痛，泄泻，痢疾，感冒头痛，跌打损伤，顽癣，毒蛇咬伤。

竹叶椒叶，为植物竹叶花椒的叶。全年可采，鲜用或晒干。味辛、微苦，性温，小毒。理气止痛，活血消肿，解毒止痒。主治脘腹胀痛，跌打损伤，痈疮肿毒，毒蛇咬伤，皮肤瘙痒。

竹叶椒子，又称鱼椒子，为植物竹叶花椒的成熟种子。6～8月，果实成熟采收，晒干，除去果皮，留取种子。味苦、辛，性温。平喘利水，散瘀止痛。主治碳饮喘息，水肿胀满，小便不利，脘腹疼痛，跌打肿痛。

【经方验方应用例证】

治腹痛泄泻：竹叶椒6～9克，水煎服。(《安徽中草药》)

治感冒、气管炎：竹叶椒研细末。每次1.5～3克，每日2～3次，开水冲服。(《安徽中草药》)

治咳嗽：散血飞15克，泡开水服。(《贵州民间药物》)

治顽癣：散血飞根皮、岩棕各6克，冰片0.3克，酒120克。浸泡后擦患处。(《贵州民间药物》)

治肿毒：竹叶椒叶，煎水洗。(《湖南药物志》)

治皮肤瘙痒：竹叶椒鲜叶、桉树鲜叶各250克，煎水洗。(《福建中草药》)

【中成药应用例证】

痛肿灵酊：祛风除湿，消肿止痛。用于风湿骨痛，跌打损伤。

竹叶椒片：清热解毒，活血止痛。用于瘀滞型的胃脘痛、腹痛，症见痛有定处，痛处拒按，脉弦紧或涩细等；也可用于早期急性单纯性阑尾炎所致的右下腹有固定而明显的压痛或反跳痛等症。

龋齿宁含片：清热解毒，消肿止痛。用于龋齿痛及牙周炎、牙龈炎等。

【现代临床应用】

竹叶椒根用于治疗急性阑尾炎，用于止痛。

吴茱萸

Tetradium ruticarpum (A. Jussieu) T. G. Hartley

芸香科（Rutaceae）吴茱萸属植物落叶灌木或乔木。

嫩枝暗紫红色，小叶5～11片，纸质，小叶两面及叶轴密被长柔毛，油点大且多。花瓣绿色，黄，或白色。果序密集或疏离，蓇葖果近球形，暗紫红色，有大油点。花期4～6月，果期8～11月。

英山、罗田、麻城等地有分布，生于山地疏林或灌木丛中，多见于向阳坡地。

吴茱萸始载于《神农本草经》，列入中品。茱萸为叠韵连绵词，在形为侏儒，言其不高也。本品较其相近种类的花椒树功、味相似而植株矮小，故谓茱萸。陈藏器云："茱萸南北总有，入药以吴地者为好，所以有吴之名也。"

食茱萸，最早是《新修本草》记载，与吴茱萸功效类同。

【入药部位及性味功效】

吴茱萸，又称食茱萸、吴萸、茶辣、漆辣子、优辣子、曲药子、气辣子，为植物吴茱萸、石虎或毛脉吴茱萸的未成熟的果实。栽后3年，8～11月待果实呈茶绿色而心皮未分离时采收，在露水未干前采摘整串果穗，勿摘断果枝，晒干，用手揉搓，使果柄脱落，扬净。如遇雨天，用微火烘干。味辛、苦，性热，有小毒。归肝、脾、胃、肾经。散寒止痛，降逆止呕，助阳止泻。主治脘腹冷痛，厥阴头痛，寒疝腹痛，寒湿脚气，经行腹痛，呕吐吞酸，五更泄泻。

吴茱萸叶，为植物吴茱萸的叶。夏、秋季采，鲜用或晒干。味辛、苦，性热。归肝、胃经。散寒，止痛，敛疮。主治霍乱转筋，心腹冷痛，头痛，疮疡肿毒。

吴茱萸根，又称茱萸根，为植物吴茱萸的根或根皮。夏、秋采挖，洗净，切片晒干。味辛、苦，性热。归脾、胃、肾经。温中行气，杀虫。主治脘腹冷痛，泄泻，痢疾，风寒头痛，经闭腹痛，寒湿腰痛，疝气，蛲虫病。

【经方验方应用例证】

治偏头痛：吴茱萸叶9克，捣烂敷患处，或捣汁，加水洗患处。(《湖南药物志》)

左金丸：清泻肝火，降逆止呕。主治肝火犯胃证，症见胁肋疼痛，嘈杂吞酸，呕吐口苦，舌红苔黄，脉弦数。常用于胃炎、食道炎、胃溃疡等属肝火犯胃者。(《丹溪心法》)

吴茱萸汤：主治肝胃虚寒，浊阴上逆证。症见食后泛泛欲呕，或呕吐酸水，或干呕，或吐清涎冷沫，胸满脘痛，巅顶头痛，畏寒肢凉，甚则伴手足逆冷，大便泄泻，烦躁不宁，舌淡苔白滑，脉沉弦或迟。适用于慢性胃炎、妊娠呕吐、神经性呕吐、神经性头痛、耳源性眩晕等属肝胃虚寒者。(《伤寒论》)

旋覆花汤：妊娠五月，有热，苦头眩，心乱呕吐，有寒，苦腹满痛，小便数，卒有恐怖，四肢疼痛，寒热，胎动无常处，腹痛闷顿欲仆，卒有所下。(《千金方》)

艾附丸：用于妇人血疼。(《证治要诀类方》)

艾叶散：用于久冷痢，食不消化，四肢不和，心腹多痛，少思饮食。(《圣惠》)

安息香丸：主治血脏虚冷，面黄肌瘦，胸腹痞闷，心腹绞痛，呕逆恶心，面色黑鼾，鬓发脱落，头旋眼黑，经候不匀，腰腿疼痛，胁肋胀满，不欲饮食，手足烦热，肢节酸疼，或寒或热，发歇无时。(《鸡峰》)

【中成药应用例证】

七味胃痛胶囊：温中行气，化瘀消积，制酸止痛。用于寒凝气滞，血瘀积滞所致胃脘胀痛，遇寒加重，烧心吞酸，嗳气饱胀，恶心呕吐，食欲不振；胃、十二指肠溃疡、浅表性胃炎见上述证候者亦可应用。

丹桂香胶囊：益气温胃，散寒行气，活血止痛。用于脾胃虚寒，气滞血瘀所致的胃脘痞满疼痛、食少纳差、嘈杂嗳气、腹胀；慢性萎缩性胃炎见上述证候者亦可应用。

儿泻康贴膜：温中散寒止泻。适用于小儿非感染性腹泻，中医辨证属风寒泄泻者，症见泄泻、腹痛、肠鸣等。

前列安栓：清热利湿通淋，化瘀散结止痛。主治湿热瘀血壅阻证所引起的少腹痛、会阴痛、睾丸疼痛、排尿不利、尿频、尿痛、尿道口滴白、尿道不适等症。也可用于精浊、白浊、劳淋（慢性前列腺炎）等病见以上证候者。

固肠胶囊：散寒清热、调和气血、涩肠止泻。用于寒热错杂、虚实互见的肠易激综合征，症见大便清稀或夹有少许白粘冻，或完谷不化，甚则滑脱不禁，腹痛肠鸣，畏寒肢冷，腰膝酸软。

臭椿

Ailanthus altissima (Mill.) Swingle

苦木科（Simaroubaceae）臭椿属落叶乔木。

树皮平滑有直纹。奇数羽状复叶，小叶13～27；小叶卵状披针形，下面无毛，揉碎具臭味。圆锥花序长10～30厘米。翅果长3～4.5厘米。花期4～5月，果期8～10月。

大别山各地市均有分布，喜生于在海拔100～2000米向阳山坡或灌丛中。

樗白皮始载于《药性论》。樗，取义未详。古人常椿樗并称，以形相似也。《本草图经》云："椿木实而叶香可啖，樗木疏而气臭。"故后人呼樗为臭椿。虎目、虎眼、鬼目，皆因叶脱处留叶痕形似而得名。

历代本草认为椿木、樗木为两种不同的药物，但效用相同，而樗木较椿木为好。

【入药部位及性味功效】

樗白皮，又称樗皮、臭椿皮、苦椿皮，为植物臭椿的根皮或树干皮。春、夏季剥取根皮或干皮，刮去或不刮去粗皮，切块片或丝，晒干。味苦、涩，性寒。归胃、大肠、肝经。清热燥湿，涩肠，止血，止带，杀虫。主治泄泻，痢疾，便血，崩漏，痔疮出血，带下，蛔虫症，疮癣。

凤眼草，又称椿荚、樗荚、凤眼子、樗树凸凸、樗树子、臭椿子、春铃子，为植物臭椿的成熟果实。秋季果成熟时采收，除去果柄和杂质，晒干。味苦、涩，性凉。归脾、大肠、小肠经。清利湿热，止痢止血，疏风止痒。用于痢疾，便血，尿血，崩漏，白带，阴道滴虫，湿疹。

樗叶，又称臭椿叶，为植物臭椿的叶。春夏采收，鲜用或晒干。味苦，性凉。清热燥湿，杀虫。主治湿热带下，泄泻，痢疾，湿疹，疮疥，疖肿。

【经方验方应用例证】

治高血压病：凤眼草30克，水煎冲红糖服。（《广西本草选编》）

艾附女珍丸：用于妇人气盛血衰，经期不准，或前或后，紫多淡少，赤白带下，崩漏淋沥，面黄肌瘦，四肢无力，倦怠嗜卧，精神短少，目暗耳鸣，头眩懒言，五心烦热，咽干口燥，夜寐不安者。(《简明医彀》)

不换金散：主治肠风痔瘘，泻血久不愈。(《圣济总录》)

臭椿皮散：主治积年肠风泻血，谷食不消，肌体黄瘦。(《圣惠》)

椿根皮汤：妇人阴痒突出。煎汤熏洗。既入即止。(《医统》)

椿皮丸：清热燥湿，敛肠止血。主治脏毒、肠风，大便下血。(《普济本事方》)

凤眼草散：主治肠风下血。(《杨氏家藏方》)

樗白皮汤：主治崩漏不止，血下无度。(《摄生众妙方》)

【现代临床应用】

臭椿树皮用于治疗溃疡病；臭椿根皮用于治疗蛔虫症；凤眼草用于治疗慢性气管炎、疟疾。

楝

Melia azedarach L.

楝科（Meliaceae）楝属落叶乔木。

树皮灰褐色，纵裂。2～3回奇数羽状复叶；小叶对生。花芳香；花萼5深裂；花瓣淡紫色；雄蕊管紫色，花药10枚。核果球形至椭圆形，种子椭圆形。花期4～5月，果期10～12月。

大别山各县市均有分布，生于低海拔旷野、路旁或疏林中，目前已广泛引为栽培。

楝实始载于《神农本草经》，列为下品。郭璞注《中山注》云："楝，木名，子如脂，头白而粘，可以浣衣也。"木灰及子可浣衣，故称为"练"。后从"木"旁而为"楝"。古代所谓楝包括川楝、苦楝两种。现苦楝的果实称苦楝子，川楝的果实称川楝子。

【入药部位及性味功效】

苦楝花，为植物楝、川楝的花。4～5月采收，晒干、阴干或烘干。味苦，性寒。清热祛湿，杀虫，止痒。主治热痱，头癣。

苦楝叶，为植物楝、川楝的叶。全年均可采收，鲜用或晒干。味苦，性寒，有毒。清热燥湿，杀虫止痒，行气止痛。主治湿疹瘙痒，疮癣疥癞，蛇虫咬伤，滴虫性阴道炎，疝气疼痛，跌打肿痛。

苦楝皮，又称楝木皮、楝树枝皮、苦楝树白皮、东行楝根白皮、楝皮、楝根皮、楝根木皮、苦楝树皮、苦楝根皮，为植物楝、川楝的树皮和根皮。春、秋二季剥取，晒干，或除去粗皮，晒干。味苦，性寒，有毒。归肝、脾、胃经。杀虫，疗癣。用于蛔虫病，蛲虫病，虫积腹痛，阴道滴虫，外治疥癣瘙痒。

苦楝子，又称土楝实、苦心子、楝枣子、楝果子、土楝子，为植物楝的成熟果实。冬季果实成熟呈黄色时采收，除去杂质，晒干、阴干或烘干。味苦，性寒，有小毒。归肝、胃经。舒肝行气止痛，驱虫。用于胸胁疼痛、腹脘胀痛，疝痛，虫积腹痛，冻疮。

【经方验方应用例证】

安虫丸：主治小儿腹痛有虫。(《幼科发挥》)

八物汤：主治妇人经事欲行，脐腹绞痛，痛经及血淋。(《保命集》)

白鲜皮丸：主治小儿诸虫大啼，时作心腹痛。(《圣济总录》)

荜澄茄散：主治盲肠气，小腹疼痛不可忍。(《圣惠》)

肠驱蛔汤：利胆排虫。主治胆道蛔虫病恢复期。(《新急腹症学》)

【中成药应用例证】

健儿疳积散：驱蛔虫，消积健脾。用于小儿疳积，消化不良，脾胃虚弱。

化虫丸：杀虫消积。用于虫积腹痛，蛔虫、绦虫、蛲虫等寄生虫病。

癣药膏：活血祛毒，杀虫止痒。用于皮肤湿毒，身面刺痒，牛皮恶癣，干湿疥癣，金钱癣，搔痒成疮，溃流脓水，浸淫作痛。

祛瘀散结胶囊：祛瘀消肿，散结止痛。用于瘀血阻络所致乳房胀痛，乳癖，乳腺增生病。

肥儿疳积颗粒：健脾和胃，平肝杀虫。用于脾弱肝滞，面黄肌瘦，消化不良。

【现代临床应用】

苦楝叶用于治疗化脓性皮肤病；苦楝皮用于治疗阴道滴虫、钩虫病；苦楝子用于治疗急性乳腺炎、头癣。

香椿

Toona sinensis (A. Juss.) Roem.

楝科（Meliaceae）香椿属落叶乔木。

树干上树皮粗糙，片状脱落。偶数羽状复叶，小叶8～10对，卵状披针形或卵状长圆形，全缘或疏生细齿。花白色；雄蕊10，5枚能育，5枚退化；花盘无毛。蒴果深褐色，有苍白色小皮孔；种子仅上端有膜质的长翅。花期6～8月，果期10～12月。

大别山各县市均有分布，生于山地杂木林或疏林中，各地也广泛栽培。

椿，始载于《新修本草》，谓："椿、樗二树，形相似，樗木疏，椿木实。"椿字古代作旾。《说文解字》："屯象草木之初生。"从日作屯，会意兼形声。故从木作杶，即今椿字。《说文解字》："杶，或从熏。"而熏字又同薰。"薰，香气也。"与其嫩叶气有关，故又称香椿。

【入药部位及性味功效】

香椿子，又称椿树子、香椿铃、香铃子，为植物香椿的果实。秋季采收，晒干。味辛、苦，性温。归肝、肺经。祛风，散寒，止痛。主治外感风寒，风湿痹痛，胃痛，疝气痛，痢疾。

椿树花，为植物香椿的花。5～6月采花，晒干。味辛、苦，性温。祛风除湿，行气止痛。主治风湿痹痛，久咳，痔疮。

椿叶，为植物香椿的叶。春季采收，多鲜用。味辛、苦，性平。归脾、心、大肠经。祛暑化湿，解毒，杀虫。主治暑湿伤中，恶心呕吐，食欲不振，泄泻，痢疾，痈疽肿毒，疥疮，白秃疮。

春尖油，又称椿树油，为植物香椿树干流出的液汁。春、夏季切割树干，流出液汁，晒干。味辛、苦，性温。润燥解毒，通窍。主治手足皲裂，疔疮。

椿白皮，又称香椿皮、椿皮、椿颠皮，植物香椿的树皮或根皮。全年均可采，干皮可从树上剥下，鲜用或晒干，根皮须先将树根挖出，刮去外面黑皮，以木锤轻捶之，使皮部与木质部分离，再行剥取，并宜仰面晒干，以免发霉发黑，亦可鲜用。味苦、涩，性微寒。归大肠、胃经。清热燥湿，涩肠，止血，止带，杀虫。主治泄泻，痢疾，肠风便血，崩漏，带下，蛔虫病，丝虫病，疮癣。

【经方验方应用例证】

椿皮丸：主治下痢危笃，或色如羊肝者。（《惠直堂方》）

嘹亮丸：主治久失音，声哑。（《回春》）

治胸痛：香椿子、龙骨。研末开水冲服。（《湖南药物志》）

治小儿头生白秃，发不生出：以椿、楸、桃叶心，取汁，敷之。（《肘后方》）

治手足皲裂：椿树油适量。加温融化后敷伤处，用敷料包扎。（《万县中草药》）

治尿路感染，膀胱炎：椿根皮、车前草各30克，川柏9克。水煎服。（《食物中药与便方》）

治滴虫性阴道炎：椿根皮、千里光、蛇床子各30克。水煎作阴道冲洗剂。（《食物中药与便方》）

治坐骨神经痛：香椿皮、蔓性千斤拔、牡荆、桑寄生各30克，和鸡炖服，隔日1剂。（《福建药物志》）

椿皮饮：解一切药毒。空心顿服。吐出恶物即愈，吐后服蜂窠散。（《圣济总录》）

【中成药应用例证】

妇科止带胶囊：清热燥湿，收敛止带。用于慢性子宫颈炎，子宫内膜炎，阴道黏膜炎等引起的湿热型赤白带症。

活血风寒膏：活血化瘀，祛风散寒。用于风寒麻木，筋骨疼痛，跌打损伤，闪腰岔气。

龙参补益膏：益气养血，滋补肝肾。适用于气血亏虚，肝肾不足引起的乏力，头晕，耳鸣，眼花，腰膝酸软。

郑氏女金丹：补气养血，调经安胎。用于气血两亏，月经不调，腰膝疼痛，红崩白带，子宫寒冷。

葆宫止血颗粒：固经止血，滋阴清热。用于冲任不固、阴虚血热所致月经过多、经期延长，经色深红、质稠，或有小血块，腰膝酸软，咽干口燥，潮热心烦，舌红少津，苔少或无苔，脉细数；功能性子宫出血及上环后子宫出血见上述证候者亦可应用。

算盘子

Glochidion puberum (L.) Hutch.

大戟科（Euphorbiaceae）算盘子属直立灌木。

多分枝；小枝、叶片下面、萼片外面、子房和果实均密被短柔毛。叶片上面灰绿色，下面粉绿色；侧脉每边5～7条；叶柄长1～3毫米。花小，雌雄同株或异株，2～5朵簇生于叶腋内。蒴果扁球状，边缘有8～10条纵沟，成熟时带红色。种子朱红色。花期4～8月，果期7～11月。

大别山各县市均有分布，常生于山坡灌丛中。

算盘子始载于《植物名实图考》，云："野南瓜，一名算盘子，一名柿子椒，抚、建、赣南、长沙山坡皆有之。"其果实扁球形，顶上凹陷，外有纵沟，似算盘子大小，故名。形又似南瓜，其根入药，因有野南瓜之名。

【入药部位及性味功效】

算盘子，又称黎击子、野南瓜、柿子椒、算盘珠、八瓣橘、馒头果、水金瓜、红橘仔、地金瓜、血木瓜、野北瓜子、磨盘树子、山金瓜、山油柑、臭山橘、山橘子、山馒头、狮子滚球、雷打柿、万豆子、寿脾子、牛荼、八楞橘、八楞楂、百梗桔、野蕃蒲、金骨风、野毛植、百荚橘、百荚结、小孩拳，为植物算盘子的果实。秋季采摘，拣净杂质，晒干。味苦，性凉，有小毒。归肾经。清热除湿，解毒利咽，行气活血。主治痢疾，泄泻，黄疸，疟疾，淋浊，带下，咽喉肿痛，牙痛，疝痛，产后腹痛。

算盘子根，为植物算盘子的根。全年均可采挖，洗净，鲜用或晒干。味苦，性凉，小毒。归肝、大肠经。清热，利湿，行气，活血，解毒消肿。主治感冒发热，咽喉肿痛，咳嗽，牙痛，湿热泻痢，黄疸，淋浊，带下，风湿痹痛，腰痛，疝气，痛经，闭经，跌打损伤，痈肿，瘰疬，蛇虫咬伤。

算盘子叶，又称野南瓜叶，为植物算盘子的叶。夏、秋季采收，鲜用或晒干备用。味苦、涩，性凉，小毒。归大肠经。清热利湿，解毒消肿。主治湿热泻痢，黄疸，淋浊，带下，发热，咽喉肿痛，痈疮疖肿，漆疮，湿疹，虫蛇咬伤。

【经方验方应用例证】

治黄疸：算盘子60克，大米（炒焦黄）30～60克，水煎服。(《甘肃中草药手册》)

治四肢关节痛：算盘子鲜根、茎24～30克，洗净切碎，水煎或猪蹄炖服。(《闽南民间草药》)

治白带过多：算盘子根30～60克，水煎服。(《浙江民间常用草药》)

治虚弱无力：算盘子根150～180克，炖肉或蒸鸡吃。(《贵州民间药物》)

治皮肤瘙痒：算盘子叶煎汤洗患处。(《泉州本草》)

【现代临床应用】

算盘子用于治疗痢疾；算盘子叶用于治疗肠炎。

白木乌桕

Neoshirakia japonica (Siebold & Zuccarini) Esser

大戟科（Euphorbiaceae）乌桕属灌木或乔木。

各部均无毛。叶纸质，长7～16厘米，宽4～8厘米，全缘，中脉在背面显著凸起，侧脉8～10对；叶柄长1.5～3厘米。蒴果三棱状球形。种子扁球形，无蜡质的假种皮，有棕褐色斑纹。花期5～6月。

英山、罗田、麻城等地均有分布，生于林中湿润处或溪涧边。日本和朝鲜也有分布。

始载于《浙江药用植物志》。可供观赏，种子可食用，叶和皮等药用。含双萜类物质，乳汁会损伤眼睛和皮肤，应避免接触。

【入药部位及性味功效】

白乳木，又称白木、银栗子，为植物白木乌桕的根皮、叶。根，全年可采，洗净，去木心，切碎，晒干；叶，春、夏季采摘，鲜用或晒干。味苦、辛，性微温。散瘀血，强腰膝。主治劳伤腰膝酸痛。

【经方验方应用例证】

治漆中毒：白乳木鲜叶捣汁外搽。（《青岛中草药手册》）

青灰叶下珠

Phyllanthus glaucus Wal. ex Muell. Arg.

大戟科（Euphorbiaceae）叶下珠属落叶灌木。

叶片膜质，长2.5～5厘米，宽1.5～2.5厘米，下面稍苍白色；侧脉每边8～10条。蒴果浆果状，直径约1厘米，紫黑色，基部有宿存的萼片。花期4～7月，果期7～10月。

大别山各县市均有分布，生于200～1000米的山地灌木丛中或稀疏林下。

叶下珠之名始载于《植物名实图考》。花沿茎叶下而生，结果时状如小珠，故有叶下珠之称。叶下珠的果实一般是长在树叶的下面，就像一颗一颗珍珠整齐地排列着，故《本草纲目拾遗》也谓其珍珠草。

【入药部位及性味功效】

青灰叶下珠，为植物青灰叶下珠的根。夏、秋季采挖，切片，晒干。味辛、甘，性温。归肝、脾经。祛风除湿，健脾消积。主治风湿痹痛，小儿疳积。

乌桕

Triadica sebifera (Linnaeus) Small

大戟科（Euphorbiaceae）乌桕属落叶乔木。

各部均无毛而具乳状汁液；叶纸质，叶片多为阔卵形，长3～8厘米，宽3～9厘米。花单性，雌雄同株，聚集成顶生、长6～12厘米的总状花序。蒴果梨状球形，成熟时黑色，直径1～1.5厘米。种子外被白色、蜡质的假种皮。花期4～8月。

大别山各县市均有分布，常生于堤岸、溪边或山坡上，喜温暖向阳环境，耐潮湿。

乌桕木始载于《新修本草》。李时珍云："乌桕，乌喜食其子，因此名之……或云，其木老则根下黑烂成臼，故此得名。"根皮卷曲而色灰白，故称卷根白皮、卷子根。

【入药部位及性味功效】

乌桕木根皮，又称卷根白皮、卷子根、乌桕木根白皮，为植物乌桕的根皮和树皮。全年均可采，浆皮剥下，除去栓皮，晒干。味苦，性微温，有毒。归大肠、胃经。泻下逐水，消肿散结，解蛇虫毒。主治水肿，症瘕积聚，膨胀，大、小便不通，疔毒痈肿，湿疹，疥癣，毒蛇咬伤。

乌桕叶，又称卷子叶、油子叶、虹叶，为植物乌桕的叶。全年均可采，鲜用或晒干。味苦，性微温，有毒。归心经。泻下逐水，消肿散瘀，解毒杀虫。主治水肿，大、小便不利，腹水，湿疹，疥癣，痈疮肿毒，跌打损伤，毒蛇咬伤。

乌桕子，又称乌茶子、桕仔、琼仔、拱仔，为植物乌桕的种子。果熟时采摘，取出种子，鲜用或晒干。味甘，性凉，有毒。归肾、肺经。拔毒消肿，杀虫止痒。主治湿疹，癣疮，皮肤皲裂，水肿，便秘。

桕油，为植物乌桕的种子榨取的油。味甘，性凉，有毒。杀虫，利尿，通便。主治疥疮，脓胞疮，水肿，便秘。

【经方验方应用例证】

治水肿：乌桕鲜叶100克，鱼腥草一把，车前草一把，土黄芪50克，生地黄9克，水煎服。(《河南中草药手册》)

治湿疹：鲜乌桕子捣烂，包于纱布内，搽患处。(《闽东本草》)

治湿疹，荨麻疹，腋臭，疥癣：乌桕根皮或叶适量，浓煎外洗。(《陕甘宁中草药选》)

治婴儿胎毒满头：水边乌桕树根，晒干研末，入雄黄末少许，生油调搽。(《经验良方》)

治鸡眼：乌桕叶及嫩枝煎成浸膏。患处用温水浸泡，使软化，消毒后用刀消除鸡眼厚皮，并用针挑破患处，擦掉血迹，将浸膏涂于患处，用胶布贴固，每日换药1次，换药前先将黑色痂皮挑去（初用有刺激感，逐日减轻）。一般3～6次即愈。(《全国中草药汇编》)

飞蛇散：主治急性湿疹。患部糜烂渗水，以温水调和，涂患处，日三四次。(《中医皮肤病学简编》)

【现代临床应用】

乌桕叶用于治疗真菌性阴道炎；乌桕木根皮用于治疗血吸虫病、肾病综合征。

油桐

Vernicia fordii (Hemsl.) Airy Shaw

大戟科（Euphorbiaceae）油桐属落叶乔木。

叶卵圆形，全缘，稀1～3浅裂，叶柄与叶片近等长，顶端有2枚扁平、无柄腺体。花瓣白色，有淡红色脉纹；核果近球状，直径4～6（8）厘米，果皮光滑。花期3～4月，果期8～9月。

大别山各县市均有分布，生于1000米以下的地区，喜温暖，忌严寒。常作为油料作物栽培。

原植物始载于《本草拾遗》。《本草纲目》谓："罂子，因实状似罂也。虎子，以其毒也。荏者，言其油似荏油也。"又叶与桐（泡桐）相似，种子可产油，乃名油桐。其油称桐油，故亦名桐油树。

【入药部位及性味功效】

油桐子，又称桐子、桐油树子、高桐子、油桐果，为植物油桐的种子。秋季果实成熟时采收，将其堆积于潮湿处，泼水，覆以干草，经10天左右，外壳腐烂，除去外皮，收集种子，晒干。味甘、微辛，性寒，大毒。吐风痰，消肿毒，利二便。主治风痰喉痹，痰火瘰疬，食积腹胀，大、小便不通，丹毒，疥癣，烫伤，急性软组织炎症，寻常疣。

桐油，又称桐子油，为植物油桐的种子所榨出的油。味甘、辛，性寒，有毒。清热解毒，收湿杀虫，润肤生肌。主治喉痹，疥癣，臁疮，烫伤，冻伤，皲裂。

油桐根，又称桐子树根、桐油树蔃、高桐子根、桐油树根，为植物油桐的根。全年均可采挖，洗净，鲜用或晒干。味苦、微辛，性寒，有毒。归肺、脾、胃、肝经。下气消积，利水化痰，驱虫。主治食积痞满，水肿，哮喘，瘰疬，蛔虫病。

油桐叶，又称桐子树叶，为植物油桐的叶。秋季采集，鲜用或晒干。味苦、微辛，性寒，有毒。归肝、大肠经。清热消肿，解毒杀虫。主治肠炎，痢疾，痈肿，臁疮，疥癣，漆疮，烫伤。

气桐子，又称气死桐子、光桐，为植物油桐未成熟的果实。收集未熟而早落的果实，鲜用或晒干。行气消食，清热解毒。主治疝气，食积，月经不调，疔疮疖肿。

桐子花，为植物油桐的花。4～5月收集凋落的花，晒干。味苦、辛，性寒，有毒。清热解毒，生肌。主治新生儿湿疹，秃疮，热毒疮，天疱疮，烧烫伤。

【经方验方应用例证】

治烫伤：油桐鲜叶捣烂绞汁，调冬蜜敷抹患处。(《福建民间草药》)

治铁锈钉刺伤脚底：油桐鲜叶和红糖捣烂外敷。(《福建民间草药》)

治哮喘：油桐根皮、盐肤木根各30克，冰糖适量水煎服。(《浙江药用植物志》)

治黄疸：油桐根、柘树根各30克，或加鸡蛋，水煎服。(《福建药物志》)

黄香膏：主治黄水、肥、臁等疮。(《摄生众妙方》)

南酸枣

Choerospondias axillaris (Roxb.) B. L. Burtt & A. W. Hill

漆树科（Anacardiaceae）南酸枣属落叶乔木。

奇数羽状复叶，互生，常集生于小枝顶端，小叶7～15，对生，全缘。花杂性异株，聚伞圆锥花序；花萼3～5裂；花瓣5；雄蕊10，花盘10裂；子房上位，5室，每室有1胚珠；花柱5。核果卵形，核骨质，先端有5或6小孔。种的特征同属。

英山、罗田等地有分布，生于山坡、丘陵或沟谷林中。

种子坚硬椭圆，一端顶部周围均匀地分布5个小孔，有一个既符合特征又充满文化的名字——五眼六通，非常形象地表达了它五眼的特征，并体现出了佛教文化的巧妙结合。故它是一种很“慧根”的植物。

【入药部位及性味功效】

五眼果树皮，为植物南酸枣的树皮。树皮全年可采，晒干或熬膏。味酸、涩，性凉。归脾、胃经。清热解毒，祛湿，杀虫。主治疮疡，烫火伤，阴囊湿疹，痢疾，白带，疮癣。

南酸枣，又称广枣、五眼果、山枣、人面子、冬东子、酸枣、山桉果、鼻涕果、醋酸果，为植物南酸枣的果实（鲜）或果核。9～10月果熟时收，鲜用，或取果核果晒干。味甘、酸，性平。归脾、肝经。行气活血，养心安神，消积，解毒。主治气滞血瘀，胸痛，心悸气短，神经衰弱，失眠，支气管炎，食滞腹满，腹泻，疝气，烫火伤。

【经方验方应用例证】

治慢性支气管炎：冬东子250克，炖肉吃。(《四川中药志》1979年)

治烫伤：果核适量，烧灰存性，研末，茶油调涂患处。(《福建药物志》)

治白带：南酸枣树根或茎二重皮18～30克，水煎和猪脚1个或冰糖适量，炖服。(《福建药物志》)

治胃下垂：南酸枣树二重皮30克，红糖适量，开水冲泡后，炖服。(《福建药物志》)

【现代临床应用】

五眼果树皮用于治疗细菌性痢疾、烧伤。

盐肤木

Rhus chinensis Mill.

漆树科（Anacardiaceae）盐肤木属落叶小乔木或灌木。

小枝棕褐色，被锈色柔毛。奇数羽状复叶。叶轴同顶生小叶柄具宽大叶状翅；小叶7～11，宽椭圆形至长圆形，先端渐尖，边缘锯齿粗而钝圆，下面密被褐色柔毛。大型圆锥花序顶生，长15～20厘米。核果球形，略压扁，被具节柔毛和腺毛，成熟时红色。花期8～9月，果期10月。

大别山各县市山坡旷野处多有分布。生长在海拔1800米以下的林内或灌丛中。

原植物始载于《本草拾遗》。《开宝本草》云："子秋熟为穗粒，如小豆，上有盐似雪，食之酸咸。"粉屑状物谓之麸，故名盐麸子、盐梅子、木盐。此树之白粉可备无盐时之用。其味酸，故有酢桶、酸桶等之名。

【入药部位及性味功效】

盐肤木根，又称盐麸子根、文蛤根、五倍根、泡木根、耳八蜈蚣、五倍子根，为植物盐肤木的树根。全年均可采，鲜用或切片晒干。味酸、咸，性平。祛风湿，利水消肿，活血散毒。主治风湿痹痛，水肿，咳嗽，跌打肿痛，乳痈，癣疮。

盐肤木根皮，又称盐麸树白皮，为植物盐肤木去掉栓皮的根皮。全年均可采，挖根，洗净，剥取根皮，鲜用或晒干。味酸、咸，性凉。清热利湿，解毒散瘀。主治黄疸，水肿，风湿痹痛，小儿疳积，疮疡肿毒，跌打损伤，毒蛇咬伤。

盐肤木皮，为植物盐肤木去掉栓皮的树皮。夏、秋季剥取树皮，去掉栓皮层，留取韧皮部，鲜用或晒干备用。味酸，性微寒。清热解毒，活血止痢。主治血痢，痈肿，疮疥，蛇犬咬伤

五倍子苗，为植物盐肤木的幼嫩枝苗。春季采收，鲜用或晒干。味酸，性微温。解毒利咽。主治咽痛喉痹。

盐肤子，又称盐麸子、叛奴盐、盐梅子、木附子、盐肤木子、假五味子、油盐果、乌酸桃、红叶桃、红盐果、盐酸果、盐酸白，为植物盐肤木的果实。10月采收成熟果实，鲜用或晒干。味酸、咸，性凉。生津润肺，降火化痰，敛汗止痢。主治痰嗽，喉痹，黄疸，盗汗，痢疾，顽癣，痈毒，头风白屑。

盐肤叶，为植物盐肤木的叶。夏、秋季采收，随采随用。味酸、微苦，性凉。止咳，止血，收敛，解毒。主治痰嗽，便血，血痢，盗汗，痈疽，疮疡，湿疹，蛇虫咬伤。

盐肤木花，为植物盐肤木的花。8～9月采花，鲜用或晒干。味酸、咸，性微寒。清热解毒，敛疮。主治疮疡久不收口，小儿鼻下两旁生疮，色红瘙痒，渗液浸淫糜烂。

【经方验方应用例证】

治痛风：盐肤叶捣烂，桐油炒热，布包揉痛处。(《湖南药物志》)

治黄蜂咬伤：鲜盐肤叶，掐破，取其茹浆样的白汁，搽患处。(《赣中草药》)

治扁桃体炎：盐肤木果实（焙黄）3克，冰片0.3克，研细末，取少许吹喉。(《安徽中草药》)

治年久顽癣：盐肤木子、王不留行，焙干研末，麻油调搽。(《湖南药物志》)

治皮肤湿疹：盐肤木根皮或叶，水煎洗，或研粉撒患处。(《广西中草药》)

治痈毒溃烂：盐肤木子和花捣烂，香油调敷。(《湖南药物志》)

梨母子煎：主治毒箭所伤，皮内瘀肿疼痛。(《圣惠》)

立住散：主治牙疼。(《普济方》引《德生堂方》)

【中成药应用例证】

复方满山白糖浆：镇咳祛痰，消炎。用于气管炎，支气管炎，老人慢性支气管炎。

三七化痔丸：清热解毒，止血止痛。用于外痔清肠解毒；内痔出血脱肛，消肿止痛，收缩脱肛。

舒冠通糖浆：本品为盐肤木经加工提取制成的糖浆剂。活血化瘀，行血止痛。用于冠心病，心绞痛，胸闷，憋气等症。

冬青

Ilex chinensis Sims

冬青科（Aquifoliaceae）冬青属常绿乔木。

树皮灰黑色。叶薄革质至革质，椭圆形，边缘具圆齿，中脉背面隆起。花紫色，4～5基数，花瓣开放时反折。果长球形，红色。花期4～6月，果期7～12月。

大别山各县市均有分布，生于海拔500米以上的常绿阔叶林中和林缘。

冬青始见于《新修本草》“女贞”条下，云：“女贞叶似枸骨及冬青树。”《本草拾遗》云：“冬月青翠，故名冬青，江东人呼为冻生。”《本草纲目》始将冬青从女贞条中分出，并云：“冻青亦女贞别种也。山中时有之。但以叶微团而子赤者为冻青，叶长而子黑者为女贞。”

【入药部位及性味功效】

四季青，又称冬青叶、四季青叶、一口血，为植物冬青的叶。秋、冬二季采收，晒干或鲜用。味苦、涩，性凉。归肺、大肠、膀胱经。清热解毒，生肌敛疮，活血止血。主治肺热咳嗽，咽喉肿痛，痢疾，腹泻，阴道感染，尿路感染，冠心病，心绞痛，烧烫伤，热毒痈肿，麻风溃疡，湿疹，冻疮，皲裂，外伤出血。

冬青皮，又称冬青木皮，为植物冬青的树皮及根皮。全年均可采，晒干或鲜用。味甘、苦，性凉。归肝、脾经。凉血解毒，止血止带。主治烫伤，月经过多，白带。

冬青子，又称冬青实、冻青树子，为植物冬青的果实。冬季果实成熟时采摘，晒干。味甘、苦，性凉。归肝、肾经。补肝肾，去风湿，止血敛疮。主治须发早白，风湿痹痛，消化性溃疡出血，痔疮，溃疡不敛。

【经方验方应用例证】

治烫火伤：鲜根皮，捣烂，加井水少许擂汁，放置半小时，上面即凝起一层胶状物，取之外搽。(《江西草药》)

治乳腺炎：四季青60克，夏枯草、木芙蓉各45克。捣烂如泥敷患处，干后加水调湿再敷。(《全国中草药汇编》)

治皮肤皲裂，瘢痕：冬青叶适量烧灰，加凡士林、面粉各适量，调成软膏外涂，每日3～5次。(《青岛中草药手册》)

复方千日红片：清热化痰，止咳平喘。主治慢性支气管炎。(《中药知识手册》)

加味利湿解毒饮：凉血清热，利湿解毒。主治风湿热毒，蕴蒸皮肤。(顾伯华方)

蒲公英四季青眼药水：清热解毒。治角膜溃疡。(《眼科证治经验》)

冬青叶煎：治妇人阴肿，小户嫁痛。(《医统》)

法制冬青叶：治臁疮不愈。(《杏苑》)

解毒消炎膏：清热解毒，消肿镇痛。主治疖肿，疮痈，乳腺炎，静脉炎，皮下蜂窝织炎等皮肤化脓性疾患。(《中药制剂手册》)

【中成药应用例证】

四季消炎喉片：清热利咽，解毒消肿。用于咽喉炎、扁桃腺炎的辅助治疗。

四季青片：清热解毒，凉血止血。用于咽喉肿痛，腹痛泻滞，下痢脓血，肛门灼热，小便频、淋沥涩痛，短赤灼热。

急支颗粒：清热化痰，宣肺止咳。用于治疗急性支气管炎，感冒后咳嗽，慢性支气管炎急性发作等呼吸系统疾病。

脱牙敏糊剂：辟秽解毒，散寒解热，消肿止痛。用于患牙不能耐受冷、热、酸、甜等刺激的牙齿敏感症。

风寒感冒宁颗粒：解表散寒，宣发清热。用于风寒感冒引起的恶寒发热，头痛，鼻塞，流涕等症。

伤痛舒：活血消肿，散寒止痛。用于急性软组织挫伤，扭伤，风湿痹痛，腱鞘炎，肌肉劳损等症。

【现代临床应用】

四季青用于治疗各种感染性疾病，以对急慢性支气管炎、肺炎、急性肠炎和细菌性痢疾、急性胰腺炎、胆囊炎、急性肾盂肾炎和慢性肾炎急性发作，以及伤寒、副伤寒、骨髓炎、宫颈炎、尿道炎的疗效最好；还可治疗烧伤，下肢溃疡，麻风溃疡。

枸骨

Ilex cornuta Lindl. et Paxt.

冬青科（Aquifoliaceae）冬青属常绿灌木或小乔木。

树皮灰白色。叶厚革质，二型，四角状长圆形叶先端具3枚尖硬刺齿，中央刺齿反曲，两侧各具1～2刺齿，卵形叶全缘。花期4～5月，果期10～12月。

大别山各县市均有分布，生于山坡、丘陵等灌丛疏林中以及路边、溪旁和村舍附近。

陈藏器云："木肌白如骨，故云枸骨。"其叶卷曲，尖角有刺，形如动物爪，故有猫儿刺、枸骨刺、老虎刺诸名。叶常有八角，因而有八角茶、八角刺诸称。

入药始见于《本草拾遗》，原名"枸骨叶"。功劳叶为十大功劳叶之简称。最早提到十大功劳名称的本草文献应推《本经逢原》，其次为《本草纲目拾遗》。前者以十大功劳为枸骨的俗名，后者则在论述刺茶叶时说："角刺茶，出徽州。土人二、三月采茶时，兼采十大功劳叶，俗名老鼠刺，叶曰苦丁。"现今广泛地区使用的苦丁茶多为枸骨嫩叶的加工品，而枸骨古今确有老鼠刺的别名。《本经逢原》和《本草纲目拾遗》所称的十大功劳叶都是指冬青科植物枸骨之叶。后来，《植物名实图考》将枸骨与十大功劳分别为两条记载，此处所称十大功劳则是小檗科植物，系晚出同名。故正品功劳叶仍系冬青科枸骨之叶。

【入药部位及性味功效】

枸骨树皮，为植物枸骨的树皮。全年均可采剥，去净杂质，晒干。味微苦，性凉。归肝、肾经。补肝肾，强腰膝。主治肝血不足，肾脚痿弱。

枸骨子，又称功劳子、枸骨果，为植物枸骨的果实。冬季采摘成熟的果实，拣去果柄杂质，晒干。味苦、涩，性微温。归肝、肾经。补肝肾，强筋活络，固涩下焦。主治体虚低热，筋骨疼痛，崩漏，带下，泄泻。

功劳根，又称枸骨根，为植物枸骨的根。全年可采，洗净，切片，晒干。味苦，性凉。补肝益肾，疏风清热。主治腰膝痿弱，关节疼痛，头风，赤眼，牙痛，荨麻疹。

功劳叶，又称枸骨叶、猫儿刺、枸骨刺、八角茶、老鼠刺、十大功劳叶、老虎刺、狗古艻、散血丹、八角刺、羊角刺、老鼠怕，为植物枸骨的叶。8～10月采叶，拣去细枝，晒干。味苦，性凉。归肝、肾经。清虚热，益肝肾，祛风湿。主治阴虚劳热，咳嗽咯血，头晕目眩，腰膝酸软，风湿痹痛，白癜风。

苦丁茶，为植物枸骨、大叶冬青或苦丁茶冬青的嫩叶。成林苦丁茶树在清明前后摘取嫩叶，头轮多采，次轮少采，短梢少采。叶采摘后，放在竹筛上通风，晾干或晒干。味甘、苦，性寒。归肝、肺、胃经。疏风清热，明目生津。主治风热头痛，齿痛，目赤，口疮，热病烦渴，泄泻，痢疾。

【经方验方应用例证】

治百日咳：枸骨子9克，煎水，加冰糖适量，分3次服。(《安徽中草药》)

治牙痛：枸骨根30克，水煎去渣，以汤冲鸡蛋服。(《江西草药》)

治陈旧腰痛：枸骨根60克，猪腰子2个，冬酒适量。水炖，服汤食肉，每日1剂。(《江西草药》)

扶肺煎：益气养阴。主治气虚阴虚。(《中国医学报》)

吹耳散：治耳脓。(《青囊秘传》)

咳喘止血汤：养阴清肺宁络。主治阴虚肺热。(陈国藩方)

【中成药应用例证】

清身饮冲剂：养阴清热，益气敛汗。用于功能性低热及体虚盗汗等症。

风痛丸：散风除湿，益气活络。用于经络不和中风引起的半身不遂，牙关紧闭，口眼歪斜，风寒湿痹，筋骨痿弱，四肢麻木，骨节酸痛，气血亏损，腰酸腿软，头目眩晕，手足抽搐。

损伤止痛膏：祛风活络，消肿止痛。用于风湿痹痛及跌打损伤，扭伤，瘀血肿痛。

滑膜炎胶囊：清热利湿，活血通络。用于急、慢性滑膜炎及膝关节术后的患者。

益气止血冲剂：益气，止血，固表，健脾。用于咯血，吐血，久服可预防感冒。

稚儿灵膏滋：益气健脾，补脑强身。用于小儿厌食，面黄体弱，夜寝不宁，睡后盗汗等症。

猫儿刺

Ilex pernyi Franch.

冬青科（Aquifoliaceae）冬青属常绿灌木或小乔木。

叶革质，四方状卵形，先端三角形渐尖，渐尖头长达12～14毫米，边缘具深波状刺齿1～3对。密集无梗花序簇生于叶腋，花淡黄色。花期4～5月，果期10～11月。

英山、罗田等地有分布，生于海拔1050米以上的山谷林中或山坡、路旁灌丛中。

其叶片浓绿且有光泽，像猫的耳朵，碰到叶子，会被扎得很疼，小动物都不敢靠近，故名猫儿刺。在秋、冬季节树上会结出硕果累累的红果实，极具观赏价值。由于具有较强的抗寒抗病的属性，因此很多城市将其用作绿化植物，同时也是制作盆景的好材料。猫儿刺果实还能够作为水果或者果干食用。其它参见枸骨。

【入药部位及性味功效】

老鼠刺，又称刺揪子、三尖角刺、相枕刺、雀不站，为植物猫儿刺的根。7～10月采收，晒干。味苦，性寒。清肺止咳，利咽，明目。主治肺热咳嗽，咯血，咽喉肿痛，目赤肿痛，翳膜遮睛。

【经方验方应用例证】

治肺热咳嗽：老鼠刺30克，石枣子15克，一朵云15克。水煎服。(《四川中药志》1982年)

蜡杏汤：治远年近日劳疾。(《普济方》引《医学切问》)

治咽喉肿痛：老鼠刺30克，软杆水黄连15克，百两金9克，红牛膝9克，水煎服。(《四川中药志》1982年)

大叶冬青

Ilex latifolia Thunb.

冬青科（Aquifoliaceae）冬青属常绿大乔木。

树皮灰黑色，全体无毛。叶厚革质，长圆形，长8～19厘米，边缘具疏锯齿。花淡黄绿色，假圆锥花序簇生叶腋，花梗及总梗短。果红色。花期4月，果期9～10月。

罗田、英山等地有分布，生于山坡常绿阔叶林中、灌丛中或竹林中。

《本草纲目拾遗》在“刺茶叶”条提到："角刺茶，出徽州。土人二、三月采茶时，兼采十大功劳叶，俗名老鼠刺，叶曰苦丁。”早在《本经逢原》中就有枸骨俗名十大功劳的记载，《本草纲目拾遗》所称的十大功劳叶也指冬青科植物枸骨之叶。但目前药材市场苦丁茶品种较复杂，除了枸骨叶外，大叶冬青、苦丁茶冬青、总梗女贞、粗壮女贞或丽叶女贞、日本毛叶女贞的叶也作为苦丁茶用。

【入药部位及性味功效】

苦丁茶，为植物大叶冬青、枸骨的嫩叶。清明前后摘取，头轮多采，次轮少采，短梢少采。采摘后，放在竹筛上通风，晾干或晒干。味甘、苦，性寒。归肝、肺、胃经。疏风清热，明目生津。主治风热头痛，齿痛，目赤，口疮，热病烦渴，泄泻，痢疾。

【经方验方应用例证】

治口腔炎：大叶冬青叶30克，水煎服。(《浙江药用植物志》)

治烫伤：大叶冬青叶适量。水煎外洗，并用叶研粉，茶油调涂。(《浙江药用植物志》)

鹅毛管眼药：清火明目，消肿去障。主治目赤肿痛，怕光流泪，障翳遮睛，视物模糊。

(《中医方剂临床手册》)

羚角荷翘汤：治风热头风，头痛经久不愈，时作时止。(《重订通俗伤寒论》)

新加翘荷汤：辛散风热，降火解毒。治秋瘟证，燥夹伏热化火，咳嗽，耳鸣目赤，龈肿咽痛。(《秋瘟证治要略》)

【中成药应用例证】

杜仲双降袋泡剂：降压，降脂。用于高血压症及高脂血症等。

清火养元胶囊：清热泻火，安神通便。用于热病心烦，目赤红肿，颜面痤疮，夜寐不宁，大便秘结。

脂欣康颗粒：清热祛痰。用于痰热内阻引起的高脂血症，症见头胀，眩晕，身困，体胖。

苦丁降压胶囊：清肝明目，凉血活血。用于肝热血瘀引起的早期高血压，症见头昏目眩，神疲乏力等。

肤痔清软膏：清热解毒，化瘀消肿，除湿止痒。用于湿热蕴结所致手足癣，体癣，股癣，浸淫疮，内痔，外痔，肿痛出血，带下病。

卫矛

Euonymus alatus (Thunb.) Sieb.

卫矛科（Celastraceae）卫矛属落叶小灌木。

茎枝有2～4条宽扁木栓翅。聚伞花序1～3花；花白绿色。蒴果1～4深裂；种皮褐色或浅棕色，假种皮橙红色，全包种子。花期5～6月，果期7～10月。

英山、罗田、麻城等地有分布，生于山坡、沟地边沿。

【入药部位及性味功效】

鬼箭羽，又称卫矛、鬼箭、六月凌、四面锋、蓖箕柴、四棱树、山鸡条子、四面戟、见肿消、麻药，为植物卫矛的具翅状物枝条或翅状附属物。全年可采，割取枝条后，取其嫩枝，晒干；或收集其翅状物，晒干。味苦、辛，性寒。归肝、脾经。破血通经，解毒消肿，杀虫。主治症瘕结块，心腹疼痛，闭经，痛经，产后瘀滞腹痛，恶露不下，产后无乳，疝气，疮肿，跌打损伤，虫积腹痛，烫火伤，毒蛇咬伤。

【经方验方应用例证】

治月经不调：卫矛茎枝15克，水煎，兑红糖服。（《湖南药物志》）

治肾炎：卫矛茎皮60克，水煎取汁，用药汁打鸡蛋茶喝。（《河南中草药手册》）

卫矛之名始载于《神农本草经》，列为中品。《本草纲目》曰："鬼箭生山石间小株成丛，春长嫩条，条上四面有羽如箭羽，视之若三羽尔。青叶，状似野茶，对生，味酸涩。三、四月开碎花，黄绿色。结实大如冬青子。"《植物名实图考》收入木类，谓："卫矛，即鬼箭羽。"鬼者，言其怪异也。其枝条上生栓翅如箭羽，故名鬼箭羽、鬼箭。古人称箭羽为卫。其枝呈四棱似矛，而栓翅较宽如羽，故名卫矛。枝茎四棱而有栓翅，故有四面锋、四面戟诸名；其叶与茶叶相似，故有四棱茶等名。六月花谢，故称六月凌。

避瘟丸：解毒辟秽，预防瘟疫。(《医方简义》)

避邪丹：主治邪祟疫疠，精魅蛊惑诸病。(《鸡鸣录》)

除秽靖瘟丹：除秽。主治瘟疫。(《松峰说疫》)

大辟瘟丹：主治诸般时疫，霍乱疟痢，中毒中风，历节疼痛，心痛腹痛，羊痫失心，传尸骨蒸，偏正头痛，症瘕积块，经闭梦交，小儿惊风发热，疳积腹痛。(《羊毛温证论》)

【中成药应用例证】

庆余辟瘟丹：辟秽气，止吐泻。用于感受暑邪，时行痧气，头晕胸闷，腹痛吐泻。

解暑片：辟秽开窍，止吐止泻。用于时行痧疫，头胀眼花，胸闷作恶，腹痛吐泻，手足厥冷，或受山岚瘴气，水土不服。

辟瘟片：辟秽解浊。用于感寒触秽，腹痛吐泻，头晕胸闷。

【现代临床应用】

鬼箭羽用于治疗慢性活动性肝炎。

白杜

Euonymus maackii Rupr

卫矛科（Celastraceae）卫矛属落叶小乔木。

叶边缘具细锯齿；叶柄通常细长，常为叶片的1/4～1/3。聚伞花序3至多花；花药紫红色，花丝细长。蒴果4浅裂，成熟后果皮粉红色；种皮棕黄色，假种皮橙红色，全包种子，成熟后顶端常有小口。花期5～6月，果期9月。

大别山各县市均有分布，生于海拔1000米以下的山地林缘、路旁，或栽培于庭园中。

白杜一名来历难以考证，但有两个广为接受的别名，一为明开夜合，一为丝棉木。有文云："明开夜合花，本名卫茅。初夏开小白花，昼开夜闭，故名明开夜合。"丝棉木一名，大概出于此树的树皮纤维柔软可用于织布、造纸等用。木材白色细致，是雕刻、小工艺品、桅杆、滑车等细木工的上好用材。叶可代茶，树皮含有硬橡胶，茎皮纤维可用以造纸，种子含油30%以上，可做工业用油。

【入药部位及性味功效】

丝棉木，又称鸡血兰、白桃树、野杜仲、白樟树、南仲根，为植物白杜的根、树皮。全年可采，洗净，切片，晒干。味苦、辛，性凉。归肝、脾、肾经。祛风除湿，活血通络，解毒止血。主治风湿性关节炎，腰痛，跌打伤肿，血栓闭塞性脉管炎，肺痈，衄血，疖疮肿毒。

丝棉木叶，为植物白杜的叶。4～6月采收，晒干。味苦，性寒。清热解毒。主治漆疮，痈肿。

【经方验方应用例证】

治风湿性关节炎：丝棉木9克，牛膝9克，老鹳草9克，水煎服。（《内蒙古中草药》）

治膝关节酸痛：丝棉木根90～120克，红牛膝（苋科牛膝）60～90克，钻地枫（五加科杞李参）30～60克。水煎冲黄酒、红糖，早晚空腹服。（《天目山药用植物志》）

治腰痛：丝棉木树皮12～30克，水煎服。（《浙江民间常用草药》）

治血栓闭塞性脉管炎：丝棉木根、牛膝各15克，煎水，黄酒适量冲服。（《安徽中草药》）

治痔疮：丝棉木根、桂圆肉各120克，水煎服。（《浙江民间常用草药》）

治漆疮：丝棉木枝叶适量，煎汤熏洗，也可与香樟木等量煎汤熏洗。（《上海常用中草药》）

雷公藤

Tripterygium wilfordii Hook. f.

卫矛科（Celastraceae）雷公藤属藤状灌木。

小枝棕红色，具4～6细棱，被密毛及细密皮孔。叶4～7.5厘米，宽3～4厘米。花序长5～7厘米；花白色。翅果长1.5厘米以下，中央果体较宽大。花期5～6月；果期9～10月。

英山、罗田等地有分布，生于山地林内阴湿处。

借雷公之名，以示其毒性之烈。毒副作用以胃肠道反应最明显，故有断肠草之名。水浸液可杀虫，亦称为菜虫药。

《本草纲目拾遗》记载的雷公藤包括蓼科植物扛板归和本品，现代植物分类学均以本品为雷公藤，并将“Tripterygium”定为雷公藤属。

《植物名实图考》所载“莽草”即为《神农本草经》的“莽草”，为何种植物尚存争议。《本草图经》所载“蜀州莽草”图与《本草纲目》所附莽草图则系木兰科毒茴香，而非本品。

【入药部位及性味功效】

雷公藤，又称震龙根、蒸龙草、莽草、水莽子、水莽兜、黄藤、大茶叶、水莽、黄藤草、红柴根、菜虫药、断肠草、黄藤根、黄药、水脑子根、南蛇根、三棱花、旱禾花、红紫根、黄腊藤、水莽草、红药、山砒霜、黄藤木，为植物雷公藤的木质部。皮部毒性太大，常刮去。亦有带皮入药者。栽培3～4年可采，秋季挖取根部，除去杂质，切段，干燥或除去外皮（包括形成层以外部分），切断，干燥。味苦、辛，性凉，大毒。归肝、肾经。祛风除湿，活血通络，消肿止痛，杀虫解毒。用于类风湿性关节炎，风湿性关节炎，肾小球肾炎，肾病综合征，红斑狼疮，口眼干燥综合征，贝赫切特综合征，湿疹，银屑病，麻风病，疥疮，顽癣。

【经方验方应用例证】

治风湿性关节炎：雷公藤（根、叶）捣烂外敷，半小时后即去，否则起泡。（江西《草药手册》）

治头癣：雷公藤鲜根剥皮，将根皮晒干后研细粉，调适量凡士林或醋，涂患处（预先洗净去痂皮），每日1～2次。（《全国中草药汇编》）

治烧伤：雷公藤、乌韭各60克，虎杖30克，水煎，药液敷伤面。（《全国中草药新医疗法展览会资料选编》）

【中成药应用例证】

雷公藤双层片：祛风除湿，活血通络，消肿止痛。用于寒热错杂型、瘀血阻络型痹证，症见关节肿痛，屈伸不利，晨僵，关节变形，活动受限；类风湿性关节炎见上述证候者亦可应用。

雷公藤多苷片：祛风解毒、除湿消肿、舒筋通络，有抗炎及抑制细胞免疫和体液免疫等作用。用于风湿热瘀，毒邪阻滞所致的类风湿关节炎，肾病综合征，贝赫切特综合征，麻风病，自身免疫性肝炎等。

雷公藤总萜片：祛风除湿，舒筋活络，消肿止痛。用于寒湿侵袭，瘀血阻络引起的关节肿痛，屈伸不利，畏寒肢冷，遇寒加重，腰膝无力，或寒热交错等症；类风湿性关节炎见有上述症候者亦可应用。

雷公藤片：具有抗炎及免疫抑制作用。用于治疗类风湿性关节炎。

金关片：补益肝肾，祛寒止痛，活血通络。主治肝肾不足、寒湿凝聚、瘀血阻络之顽痹，症见屈伸不利，久痛不已，遇寒加重，畏寒肢冷，腰膝酸软，气短，倦怠，舌质淡或暗红，或有瘀斑，苔白，脉弦细或弦紧等；类风湿性关节炎，强直性脊柱炎见有上述症候者亦可应用。

【现代临床应用】

雷公藤用于治疗类风湿疾病；治疗肾脏疾病，以原发性肾小球肾病、紫癜性肾炎及狼疮性肾炎疗效较好，对高血压型慢性肾炎基本无效；治疗顽固性疼痛，总有效率90%，且不成瘾、不耐药；治疗贝赫切特综合征；治疗红斑性狼疮；治疗皮肤病变，对银屑病、副银屑病、神经性皮炎、皮肤血管炎、红皮病、带状疱疹、斑秃等病症均有较好疗效；治疗麻风病。

南蛇藤

Celastrus orbiculatus Thunb.

卫矛科（Celastraceae）南蛇藤属藤状灌木。

小枝具稀而不明显的皮孔；腋芽小，长1～3毫米。叶柄细长1～2厘米。聚伞花序腋生，间有顶生。蒴果近球状，直径8～10毫米；种子椭圆状稍扁，赤褐色。花期5～6月，果期7～10月。

大别山各县市均有分布，生于海拔450米以上的山坡灌丛。

南蛇藤，《植物名实图考》云："黑茎长韧，参差生叶，叶如男藤，面浓绿，背青白，光润有齿。根茎一色，根圆长，微似蛇，故名。"

【入药部位及性味功效】

南蛇藤，又称过山枫、挂廓鞭、香龙草、过山龙、大南蛇、老龙皮、穿山龙、老牛筋、黄果藤，为植物南蛇藤的干燥藤茎。春、秋季采收，除去枝叶，洗净，鲜用或切片晒干。味苦、辛，性温。归肝、脾、大肠经。活血解毒，祛风除湿，通经止痛。主治跌打损伤，风湿关节痛，四肢麻木，经闭，瘫痪，头痛，牙痛，疝气，小儿惊风，痢疾，肛痒，带状疱疹。

南蛇藤根，为植物南蛇藤的根。8～10月采，洗净鲜用或晒干。味辛、苦，性平。归肾、膀胱、肝经。祛风除湿，活血通经，消肿解毒。主治风湿痹痛，跌打肿痛，闭经，头痛，腰痛，疝气痛，痢疾，肠风下血，痈疽肿毒，水火烫伤，毒蛇咬伤。

南蛇藤果，又称合欢花、狗葛子、皮猢子、鸦雀食，为植物南蛇藤的果实。9～10月间，果实成熟后摘下，晒干。味甘、微苦，性平。养心安神，和血止痛。主治心悸失眠，健忘多梦，牙痛，筋骨痛，腰腿麻木，跌打伤痛。

南蛇藤叶，为植物南蛇藤的叶。春季采收，晒干。味苦、辛，性平。归肝经。祛风除湿，解毒消肿，活血止痛。主治风湿痹痛，疮疡疖肿，疱疹，湿疹，跌打损伤，蛇虫咬伤。

【经方验方应用例证】

治风湿性筋骨痛、腰痛、关节痛：南蛇藤、凌霄花各120克，八角枫根60克。白酒250克，浸7天。每日临睡前服15克。（江西《中草药学》）

治牙痛：南蛇藤30克，煮蛋食。（《湖南药物志》）

治小儿惊风：南蛇藤9克，大青根4.5克，水煎服。（《湖南药物志》）

治湿疹瘙痒：南蛇藤根120克，猪肉60克，加水煎服。（《福建民间草药》）

治水火烫伤：南蛇藤根适量，研末，植物油调涂。（《湖北中草药志》）

治痢疾：南蛇藤15克，水煎服。（《湖南药物志》）

治痔漏，肠风，脱肛，肛痒：南蛇藤、槐米，煮猪大肠食。（《湖南药物志》）

治疝气痛：南蛇藤15克，黄酒煎服。（《浙江药用植物志》）

治带状疱疹：南蛇藤加水磨成糊状，外敷患处，每日4～5次。（《浙江药用植物志》）

治腰腿麻木：南蛇藤果25克，水煎服。（《东北药用植物》）

【中成药应用例证】

三蛇药酒：祛风除湿，通经活络。用于风寒湿痹，手足麻木，筋骨疼痛，腰膝无力等症。

野鸦椿

Euscaphis japonica (Thunb.) Dippel

省沽油科（Staphyleaceae）野鸦椿属落叶小乔木或灌木。

树皮具纵条纹，枝叶揉碎具恶臭气味。花梗长，花黄白色。蓇葖果果皮紫红色软革质，有纵脉纹，具宿存花萼。花期5～6月，果期8～9月。

生于海拔1300米以下的山坡灌木丛中。

野鸦椿始载于《植物名实图考》。果皮红色，熟时开裂，露出黑色种子，犹如鸡目，因名鸡眼睛、鸡眼椒。种子亦如鸦目，叶似椿，故名野鸦椿。其枝叶揉碎后发出恶臭气，故名鸡矢柴。

【入药部位及性味功效】

野鸦椿，为植物野鸦椿的带花或带果的枝叶。春、夏、秋三季采收，鲜用或晒干。味辛、甘，性平。归心、肺、膀胱经。理气止痛，消肿散结，祛风止痒。用于头痛，眩晕，胃痛，脱肛，子宫下垂，阴痒。

野鸦椿子，又称鸡眼睛、鸡眼椒、淡椿子、狗椿子、鸡肫子、乌眼睛、开口椒、鸡肾果、小山辣子、山海椒，为植物野鸦椿的果实或种子。秋季采收成熟果实或种子，晒干。味辛、苦，性温。归肝、胃、肾经。祛风散寒，行气止痛，消肿散结。主治胃痛，寒疝疼痛，泄泻，痢疾，脱肛，月经不调，子宫下垂，睾丸肿痛。

野鸦椿叶，为植物野鸦椿的叶。全年均可采，鲜用或晒干。味微辛、苦，性微温。祛风止痒。主治妇女阴痒。

野鸦椿皮，又称鸡眼睛皮，为植物野鸦椿的茎皮。全年可采，剥取茎皮，晒干。味辛，性温。行气，利湿，祛风，退翳。主治小儿疝气，风湿骨痛，水痘，目生翳障。

野鸦椿花，为植物野鸦椿的花。5～6月采收，晾干。味甘，性平。归心、脾、膀胱经。祛风止痛。主治头痛，眩晕。

野鸦椿根，又称花臭木，为植物野鸦椿的根或根皮。9～10月采挖，洗净，切片，鲜用或晒干。或剥取根皮用。味苦、微辛，性平。归肝、脾、肾经。祛风解表，消热利湿。主治外感头痛，风湿腰痛，痢疾，泄泻，跌打损伤。

【经方验方应用例证】

治气滞胃痛：野鸦椿干果实30克，水煎服。(《福建中草药》)

治风疹块：野鸦椿干果15克，红枣30克，水煎服。(《福建中草药》)

治子宫脱垂：野鸦椿子30克，捣烂敷或水煎服。(《湖南药物志》)

治关节或肌肉风痛：野鸦椿根90克，水煎服。(《浙江民间常用草药》)

治外伤肿痛：鲜野鸦椿根皮和酒捣烂，烘热敷患处。(《天目山药用植物志》)

治头痛、眩晕：野鸦椿花15克，鸡蛋1个，水煎，食蛋喝汤。(《安徽中草药》)

栾树

Koelreuteria paniculata Laxm.

无患子科（Sapindaceae）栾树属落叶乔木或灌木。

一回、不完全二回羽状复叶；小叶具不规则钝锯齿，近基部齿常疏离呈深缺刻状。花淡黄色，花瓣4，开花时向外反折。蒴果圆锥形，顶端渐尖。花期6～8月，果期9～10月。

大别山各县市均有分布，生于海拔800米以上的山坡、路旁或灌木林中。亦作行道树种植。

栾华始载于《神农本草经》，列为下品。《新修本草》云："五月、六月花可收，南人取合黄连作煎，疗目赤烂大效，花以染黄色甚鲜好。"

【入药部位及性味功效】

栾华，为植物栾树的花。6～7月采花，阴干或晒干。味苦，性寒。归肝经。清肝明目。主治目赤肿痛，多泪。

【经方验方应用例证】

冬除散（冬阴散）：中焦热结，目脸赤烂。（《圣济总录》）

无患子

Sapindus Saponaria Linnaeus

无患子科（Sapindaceae）无患子属落叶乔木。

树皮灰褐色或黄褐色。双数羽状复叶，互生；小叶4～8对，互生或近对生，纸质，卵状披针形至矩圆状披针形，无毛。圆锥花序顶生，长15～30厘米，有茸毛；花小，通常两性；萼片与花瓣各5，边有细睫毛。核果肉质，球形，有棱，熟时黄色或橙黄色；种子球形，黑色，坚硬。

英山、罗田等地有分布，多生于温暖、土壤疏松而稍湿润的疏林中。

无患子始载于《本草拾遗》。《酉阳杂俎》："昔有神巫曰瑶眊，能符劾百鬼，擒魑魅，以无患木击杀之。世人竞取此木为器用却鬼，因曰无患。"《本草纲目》："释家取为数珠，故谓之菩提子。""山人呼为肥珠子、油珠子，因其实如肥油而子圆如珠也。"木患子、木槵子，乃无患子之音讹。其果肉可用以洗涤污垢，故又有洗手果、圆肥皂诸名。

【入药部位及性味功效】

无患子，又称木患子、肥珠子、油珠子、菩提子、圆肥皂、桂圆肥皂、洗手果、油患子、油皂果，为植物无患子的种子。秋季采摘成熟果实，除去果肉和果皮，取种子晒干。味苦、辛，性寒，小毒。归心、肺经。清热，祛痰，消积，杀虫。主治喉痹肿痛，肺热咳喘，音哑，食滞，疳积，蛔虫腹痛，滴虫性阴道炎，癣疾，肿毒。

无患子皮，又称槵子肉皮、无患子荚、槵子皮，为植物无患子的果皮。秋季果实成熟时，剥取果皮，晒干。味苦，性平，有小毒。归心、肝、脾经。清热化痰，止痛，消积。主治喉痹肿痛，心胃气痛，疝气疼痛，风湿痛，虫积，食滞，肿毒。

无患子树皮，为植物无患子的树皮。全年均可采，剥取皮，晒干。味苦、辛，性平。解毒，利咽，祛风杀虫。主治白喉，疥癞，疳疮。

无患子叶，为植物无患子的叶。夏、秋季采，鲜用或晒干。味苦，性平。归心、肺经。解毒，镇咳。主治毒蛇咬伤，百日咳。

无患子中仁，又称木槵子仁，植物无患子的种仁。秋季果实成熟时，剥除外果皮，除去种皮，留取种仁，晒干备用。味辛，性平。归脾、胃、大肠经。消积，辟秽，杀虫。主治疳积，腹胀，口臭，蛔虫病。

无患树蔃，又称无患子根，为植物无患子的根。全年可采，洗净，鲜用或切片晒干。味苦、辛，性凉。宣肺止咳，解毒化湿。主治外感发热，咳喘，白浊，带下，咽喉肿痛，毒蛇咬伤。

【经方验方应用例证】

治哮喘：无患子种子研粉，每次6克，开水冲服。(《浙江药用植物志》)

治喉痹，开咽窍：无患子荚（即核外肉），捣汁和白汤服。(《本草汇言》)

治毒虫咬及无名肿毒：无患子果肉适量，捣烂用水调后，搽患处。(《广西民间常用草药》)

治白喉：无患子树皮15克，水煎，含漱，每日4～6次。(《广西中草药》)

治慢性胃炎：无患子根15克，蒲公英18克，煎服。(《安徽中草药》)

【中成药应用例证】

息喘丸：益气养阴，清肺平喘，止咳化痰。用于气阴不足，痰热阻肺，喘息气短，吐痰黄黏，咽干口渴；慢性支气管炎，早期肺气肿见上述证候者亦可应用。

桂林西瓜霜含片：清热解毒，消肿止痛。用于咽喉肿痛，口舌生疮，牙龈肿痛或出血，乳蛾口疮，小儿鹅口疮；急、慢性咽喉炎，扁桃体炎，口腔炎，口腔溃疡见上述证候者亦可应用。

枳椇

Hovenia acerba Lindl.

鼠李科（Rhamnaceae）枳椇属落叶乔木。

小枝被棕褐色短柔毛或无毛，有明显白色的皮孔；叶互生，先端渐尖，基部浅心形或圆形，3出脉，边缘常具整齐浅而钝的细锯齿，上面无毛，下面沿脉或脉腋常被短柔毛或无毛；二歧式聚伞圆锥花序，顶生和腋生；浆果状核果近球形，果序轴明显膨大。花期5～7月，果期8～10月。

英山、罗田、黄梅等地有分布，生于开旷地、山坡林缘或疏林中；庭院宅旁常有栽培。

在《诗疏》中已有记载，称木蜜。入药始载于《新修本草》。枳椇，为屈曲不申之意。《本草纲目》云："此树多枝而曲，其子亦卷曲，故以名之。曰蜜、曰饧，因其味也。曰珊瑚、曰鸡距、曰鸡爪，象其形也。曰交加、曰枅栱，言其实之纽曲也。枅栱，枋梁之名……珍谓枅栱及俗称鸡距，蜀人之称橘枸、棘枸，滇人之称鸡橘子，巴人之称金钩，广人之称结留子，散见书记者，皆枳椇、鸡距之字，方音转异尔。"其木色白质密如石，故名白石木。癞汉指头、拐枣、木珊瑚等，亦以形象得名。

【入药部位及性味功效】

枳椇子，又称木蜜、树蜜、木饧、白石木子、蜜屈律、鸡距子、癞汉指头、背洪子、兼穹拐枣、天藤、还阳藤、木珊瑚、鸡爪子、鸡橘子、结留子、曹公爪、棘枸、白石枣、万寿果、鸡爪梨、甜半夜、龙爪、碧久子、金钩钩、酸枣、鸡爪果、枳枣、转钮子、鸡脚爪、万字果、橘扭子、九扭、金钩子，为植物北枳椇、枳椇和毛枳椇的成熟种子。10～11月果实成熟时连肉质花序轴一并摘下，晒干，取出种子。味甘，性平。归心、脾、肺经。解酒毒，止渴除烦，止呕，利大小便。主治醉酒，烦渴，呕吐，二便不利。

枳椇叶，为植物北枳椇、枳椇和毛果枳椇的叶。夏末采收，晒干。味甘，性凉。归胃、肝经。清热解毒，除烦止渴。主治风热感冒，醉酒烦渴，呕吐，大便秘结。

枳椇木汁，为植物北枳椇、枳椇和毛果枳椇树干中流出的液汁。味甘，性平。归肺经。辟秽除臭。主治狐臭。

枳椇木皮，又称拐枣树皮，为植物北枳椇、枳椇和毛果枳椇的树皮。春季剥取树皮，晒干。味甘，性温。归肝、脾、肾经。活血，舒筋，消食，疗痔。主治盘脉拘挛，食积，痔疮。

枳椇根，为植物北枳椇、枳椇和毛果枳椇的根。秋后采收，洗净，切片晒干。味甘、涩，性温。归肝、肾经。祛风活络，止血，解酒。主治风湿筋骨痛，劳伤咳嗽，咯血，小儿惊风，醉酒。

【经方验方应用例证】

治抽筋、震颤：枳椇根60～95克，水煎服。(《福建药物志》)

治醉酒：枳椇子12克，杵碎，葛花9克，煎水冷服。(《安徽中草药》)

治腋下狐臭：枳椇树凿孔，取汁一二碗。用青木香、桃、柳、妇人乳，共煎一二沸，就热洗之。(《卫生易简方》)

葛花清脾汤：治酒湿生热生痰，头眩头痛。(《笔花医镜》)

加减葛花汤：治嗜酒太过，伤肺而咳者。(《医醇剩义》)

枳椇子丸：治饮酒过多，又受酷热，津枯血涩，小便并多，肌肉消铄，专嗜冷物寒浆。(《世医得效方》)

长叶冻绿

Rhamnus crenata Sieb. et Zucc.

黎辣根始载于《植物名实图考》。

鼠李科（Rhamnaceae）鼠李属落叶灌木或小乔木。

顶芽被锈色或棕褐色茸毛。叶纸质，倒卵状椭圆形，下面被柔毛或沿脉多少被柔毛。花两性，5基数，数个或10余个密生成腋生聚伞花序；花5基数，花柱不分离。核果球形或倒卵状球形。花期5～8月，果期8～10月。

英山、罗田等地有分布，生于山坡沟边、灌丛中或林下。

【入药部位及性味功效】

黎辣根，又称雷公树、梨罗根、红点秤、一扫光、铁包金、山绿篱根、黎头很、琉璃根、土黄柏、马灵仙、山六厘、山黄、六厘柴、癞痢柴、苦李根，为植物长叶冻绿的根或根皮。秋后采收，鲜用或切片晒干。味苦、辛，性平，有毒。清热解毒，杀虫利湿。主治疥疮，顽癣，疮疖，湿疹，荨麻疹，癞痢头，跌打损伤。

【经方验方应用例证】

治湿疹：黎辣根30克，花椒9克，桉叶15克，煎水外洗。（《浙江药用植物志》）

治癣：黎辣根全草30～60克，松杨根30克，共捣碎搽。（《湖南植物志》）

治疥疮：长叶冻绿根皮60～120克，水煎洗，或浸酒服。（《湖南植物志》）

治疮毒、癞子：长叶冻绿根、叶煎水外洗；或用根皮研末调茶油擦。（《恩施中草药手册》）

治小儿蛔虫：黎辣根15克，煎浓汁，用汁煮鸡蛋1枚食。（《湖南药物志》）

【现代临床应用】

黎辣根用于治疗急性渗出性湿疹、脂溢性皮炎、渗出性皮炎。

枣

Ziziphus jujuba Mill.

鼠李科（Rhamnaceae）枣属落叶小乔木，稀灌木。

树皮褐色或灰褐色；小枝有细长的刺，呈之字形曲折。叶纸质，卵形或卵状矩圆形，顶端钝或圆形，稀锐尖，具小尖头，基部圆形，边缘具细锯齿，基生三出脉。聚伞花序腋生。核果矩圆形或长卵圆形，核顶端锐尖。花期5～7月，果期8～9月。

大别山各县市均有分布，生于山区、丘陵或平原。广为栽培。

大枣始载于《神农本草经》，列为上品。《埤雅》:“大曰枣，小曰棘。棘，酸枣也。枣性高，故重朿，棘性低，故并朿。朿音次。枣、棘皆有刺针，会意也。”枣生树上，味甜如蜜，故称木蜜。

李时珍曰 :“南北皆有，惟青、晋所出者肥大甘美，入药为良。”古代认为山东、山西为大枣的主要产地，且山东产者质量较好。

尚有无刺枣 [*Ziziphus jujuba* Mill. Var. inermis (Bge.) Rehd.] 果实也作大枣入药。

【入药部位及性味功效】

大枣，又称壶、木蜜、干枣、美枣、良枣、红枣、干赤枣、胶枣、南枣、白蒲枣、半官枣、刺枣，为植物枣的果实。秋季果实成熟时采收，晒干。味甘，性温。归脾、胃、心经。补脾胃，益气血，安心神，调营卫，和药性。主治脾胃虚弱，气血不足，食少便溏，倦怠乏力，心悸失眠，妇人脏躁，营卫不和。

枣核，为植物枣的果核。加工枣肉食品时，收集枣核。味苦，性平。归肝、肾经，解毒，敛疮。主治臁疮，牙疳。

枣叶，为植物枣的叶。春、夏季采收，鲜用或晒干。味甘，性温。清热解毒。主治小儿发热，疮疖，热痱，烂脚，烫火伤。

枣树根，又称枣根、枣子根，为植物枣的根。秋后采挖，鲜用或切片晒干。味甘，性温。归肝、脾、肾经。调经止血，祛风止痛，补脾止泻。主治月经不调，不孕，崩漏，吐血，胃痛，痹痛，脾虚泄泻，风疹，丹毒。

枣树皮，为植物枣的树皮，全年可采收，春季最佳，从枣树主干上将老树皮刮下，晒干。味苦、涩，性温。涩肠止泻，镇咳止血。主治泄泻，痢疾，咳嗽，崩漏，外伤出血，烧烫伤。

【经方验方应用例证】

治高血压：大枣10～15枚，鲜芹菜根60克。水煎服。(《延安地区中草药手册》)

治目昏不明：枣树皮、老桑树皮等分。烧研。每用一合，井水煎，澄，取清洗目，一日三洗。昏者复明。忌荤、酒、房事。(《本草纲目》)

治伏热遍身痱痒（二仙扫痱汤）：枣叶一斤，好滑石二两。用水数碗，共合一处，熬三炷香。趁热浴洗，二三次即愈。(《鲁府禁方》)

桂枝加厚朴杏子汤：解肌发表，降气平喘。主治宿有喘病，又感风寒而见桂枝汤证者，或风寒表证误用下剂后，表证未解而微喘者。(《伤寒论》)

射干麻黄汤：宣肺祛痰，下气止咳。主治痰饮郁结，气逆喘咳证。咳而上气，喉中有水鸡声者。(《金匮要略》)

柴胡截疟饮：宣湿化痰，透达膜原。主治痰湿阻于膜原正疟。(《医宗金鉴》)

滑石粉：主治夏月痱盛。(《圣济总录》)

浸汤：主治风冷因湿，致面疱起，身体顽痹，不觉痛痒，或目圆失光，或言音粗重，或瞑蒙多睡，或从腰宽，或以足肿，眉须堕落。(《千金翼》)

【中成药应用例证】

乌阳补心糖浆：补脾益肾，宁心安神。用于脾肾两虚，心神失养所致失眠，多梦，食少乏力，腰膝酸软等。

乐孕宁口服液：健脾养血，补肾安胎。用于脾肾两虚所致的先兆流产、习惯性流产。

五味健脑口服液：补肾健脑。用于神经衰弱，失眠健忘。

健脾生血颗粒：健脾和胃，养血安神。用于小儿脾胃虚弱及心脾两虚型缺铁性贫血；成人气血两虚型缺铁性贫血。症见面色萎黄，食少纳呆，腹胀纳呆，腹胀脘闷，大便不调，烦躁多汗，倦怠乏力，舌胖色淡，苔薄白，脉细弱等。

养心定悸胶囊：养血益气，复脉定悸。用于气虚血少，心悸气短，心律不齐，盗汗失眠，咽干舌燥，大便干结。

白蔹

Ampelopsis japonica (Thunb.) Makino

葡萄科（Vitaceae）蛇葡萄属木质藤本。

卷须不分枝或短分叉，相隔3节以上着生。掌状3～5小叶，小叶羽状深裂或羽状缺刻，叶轴有宽翅。聚伞花序通常集生于花序梗顶端，通常与叶对生；花序梗常呈卷须状卷曲，无毛；花蕾卵球形；萼碟形，边缘呈波状浅裂；花瓣5，卵圆形。果熟后带白色。花期5～6月，果期7～9月。

罗田、英山等地有分布，生于山坡地边、灌丛或草地。

白蔹始载于《神农本草经》，原作白敛，列为下品。药用根，根皮赤黑，肉白如芍药，古人多用以敛疮，故名白敛，敛从“艹”作“白蔹”。白根、白草，仅从根色得名。《本草纲目》：“兔核，猫儿卵，皆象形也。昆仑，言其皮黑也。”《本草经考注》：“核与睾，古音通用，谓阴丸也。”“兔”字从“艹”则为“菟”，写作菟核。鹅抱蛋亦因形得名，见肿消由功擅消肿得名。

同属植物乌头叶蛇葡萄，其块根也作白蔹使用。

【入药部位及性味功效】

白蔹，又称兔核、白根、昆仑、猫儿卵、鹅抱蛋、见肿消、穿山老鼠、白水罐、山地瓜、铁老鼠、母鸡带仔、老鼠瓜薯、山栗子、人卦牛、白浆罐、野红薯、地老鼠、野著薯、母鸡抱蛋，为植物白蔹的块根。春、秋二季采挖，除去泥沙、茎及细须根，切成纵瓣或斜片，晒干。味苦、辛，性微寒。归心、肝、脾经。清热解毒，消痈散结，敛疮生肌。用于痈疽发背，疔疮，瘰疬，烫伤，湿疮，温疟，肠风，白带，跌打损伤，外伤出血。

白蔹子，为植物白蔹的果实。秋季果实成熟时采收，鲜用或晒干。味苦，性寒。归肝、脾经。清热，消痈。主治温疟，热毒痈肿。

【经方验方应用例证】

治冻耳成疮或痒或痛者：黄柏、白蔹各半两，为末，先以汤洗疮，后用香油调敷。(《直指方》)

治烫火灼烂：白蔹末敷之。(《备急方》)

宁血汤：清火，凉血，止血。主治内眼出血初期，仍有出血倾向，属血热妄行者。(《中医眼科学》)

阳和解凝膏：温阳化湿，消肿散结。主治寒湿凝滞所致之阴疽，流注，瘰疬，冻疮，乳癖等阴性疮疡，兼治筋骨酸痛，寒性疟疾（贴背心）。(《外科全生集》)

象皮膏：活血生肌，接筋续骨。主治跌打断骨，开放性损伤及各种溃疡腐肉已去，且已控制感染无明显脓性分泌物，期待其生长进而愈合者。(《伤科补要》)

【中成药应用例证】

丹芎跌打膏：活血散瘀、消肿止痛。用于各种急性、亚急性软组织损伤。

内消瘰疬丸：软坚散结。用于瘰疬痰核或肿或痛。

少林风湿跌打巴布膏：散瘀活血，舒筋止痛，祛风散寒。用于跌打损伤，腰肢酸麻，腹内积聚，风湿痛。

溃得康颗粒：清热和胃，制酸止痛。用于胃脘痛郁热证，症见胃脘痛势急迫，有灼热感，反酸，嗳气，便秘，舌红，苔黄，脉弦数；消化性溃疡见于上述证候者亦可应用。

痔速宁颗粒：解毒消炎，止血止痛，退肿通便，收缩痔核。用于内痔、外痔、混合痔、肛裂等。

醒脑牛黄清心片：镇惊安神，化痰息风。用于心血不足，虚火上升引起的头目眩晕，胸中郁热，惊恐虚烦，痰涎壅盛以及高血压症。

【现代临床应用】

白蔹用于治疗急慢性细菌性痢疾。

地锦

Parthenocissus tricuspidata (Siebold et Zucc.) Planch.

葡萄科（Vitaceae）地锦属木质落叶大藤本。

卷须多分枝，嫩时顶端膨大呈珠形，后扩大为吸盘。单叶，三裂叶或三出复叶，厚而有光泽。花序着生在短枝上，基部分枝，形成多歧聚伞花序，主轴不明显；花蕾倒卵椭圆形，顶端圆形；萼碟形，边缘全缘或呈波状，无毛；花瓣5，长椭圆形，无毛。花期5～8月，果期9～10月。

大别山各地市均有分布，生于山坡崖石壁或灌丛。

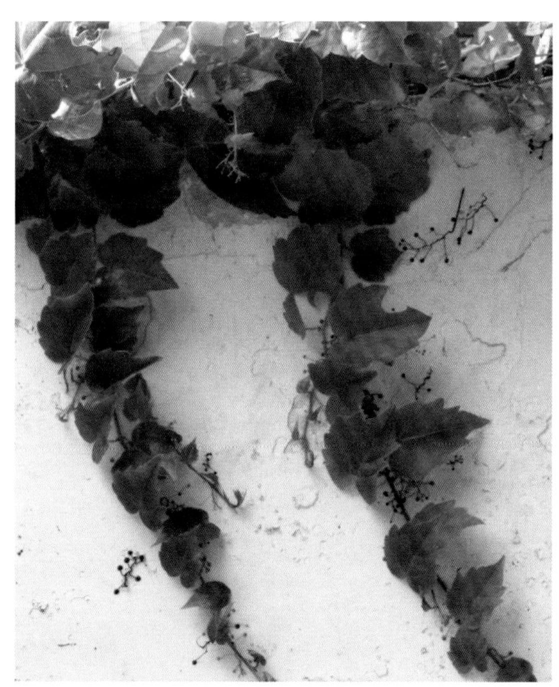

地锦始载于《本草拾遗》，云："地锦，生淮南林下，叶如鸭掌，藤蔓着地，节处有根，亦缘树石，冬月不死，山人产后用之。"《植物名实图考》描述其"疾风甚雨，不能震撼"。

【入药部位及性味功效】

地锦，又称地噤、常春藤、土鼓藤、红葡萄藤、红葛、大风藤、过风藤、三角枫藤、蝙蝠藤、爬岩虎、野枫藤、日光子、枫藤、爬龙藤、野葡萄、腹水藤、三叶茄、假葡萄藤、走游藤、飞天蜈蚣、大叶山天蓼、爬树龙、红风藤，为植物地锦（爬山虎）的藤茎或根。藤茎部于秋季采收，去掉叶片，切段，根部于冬季挖取，洗净，切片。味辛、微涩，性温。归肝经。祛风止痛，活血通络。主治风湿痹痛，中风半身不遂，偏正头痛，产后血瘀，腹生结块，跌打损伤，痈肿疮毒，溃疡不敛。

【经方验方应用例证】

治风湿痹痛：地锦藤30～60克，水煎服，或用倍量浸酒内服外搽。(《广西本草选编》)

治半身不遂：地锦藤15克，锦鸡儿根60克，大血藤根15克，千斤拔根30克，冰糖少许。水煎服。(《江西草药》)

立止咳血膏：降气泻火，补络填窍。主治咳血妄行，或久病损肺咳血。(《重订通俗伤寒论》)

地胆散：主治一切虫啮。(《圣济总录》)

豆蒸丸：主治恶风。(《圣济总录》)

扁担杆

Grewia biloba G. Don

椴树科（Tiliaceae）扁担杆属落叶灌木或小乔木。

叶薄革质，椭圆形或倒卵状椭圆形，长4～9厘米，宽2.5～4厘米，基部楔形或钝，无毛。聚伞花序腋生，多花，花序柄长不到1厘米；花柄长3～6毫米；苞片钻形；萼片狭长圆形，外面被毛，内面无毛；花瓣长1～1.5毫米。核果红色，有2～4颗分核。花期5～7月，果期8～9月。

罗田、英山、麻城、团风等县市有分布，生于疏松、肥沃、排水良好的土壤，也可生于干旱瘠薄的土壤。

以“荚蒾”始载于《新修本草》，谓“其子如溲疏，两两相并，四四相对”。《本草拾遗》称其“皮堪为索”。《救荒本草》载有孩儿拳头，称其结子“数对共为一攒，生则青，熟则赤色”，形如“孩儿拳头”。古本草所称荚蒾为本品，而不是忍冬科植物荚蒾（*Viburnum dilatatum* Thunb.）。

【入药部位及性味功效】

娃娃拳，又称荚蒾、孩儿拳头、麻糖果、拗山皮、棉筋条、山络麻、狗糜子、串果崽子、狗肾子、夹板子、月亮皮、葛荆麻，为植物扁担杆的全株。夏、秋季采收，洗净，晒干或鲜用。味甘、苦，性温。归肝、脾经。健脾益气，祛风除湿，固精止带。主治脾虚食少，久泻脱肛，小儿疳积，蛔虫病，风湿痹痛，遗精，崩漏，带下，子宫脱垂。

【经方验方应用例证】

治风湿性关节炎：扁担杆根120～150克，白酒1000克，浸泡数日，每日2次，每次1酒盅。(《青岛中草药手册》)

治遗精遗尿：扁担杆果30～60克，水煎服。(《湖南药物志》)

治久病虚弱，小儿营养不良：扁担杆果肉60～90克，加糖蒸食。(《湖南药物志》)

治骨髓炎：以消毒药水洗净疮口，用鲜扁担杆根白皮捣烂敷，每日1换，痊愈为止。可拔出小块死骨，亦可结合内服清热解毒药。(《湖南药物志》)

木芙蓉

Hibiscus mutabilis L.

锦葵科（Malvaceae）木槿属落叶大灌木或小乔木。

茎、叶柄、花梗、苞片和花萼均密被星状短柔毛。叶卵圆状心形，通常5～7浅裂。花单生于枝端叶腋间，花梗近端具节；花白、淡红或红色；小苞片10，线形。蒴果近球形，密被黄色刚毛及绵毛；种子有长毛。花期8～10月。

生于低海拔的山坡、灌木林中，大别山各县市常做观赏植物栽培在住宅前后和庭园内。

芙蓉花始载于《本草图经》，原名“地芙蓉”。《植物名实图考》称“木芙蓉即拒霜花”。《本草纲目》云：“此花艳如荷花，故有芙蓉、木莲之名，八、九月始开，故名拒霜。生于陆，故曰地芙蓉。”芙蓉花初开色白，继而转红，由浅而深，花色数变，以此得三变花之名。醉酒芙蓉，亦系形容其花之艳丽。霜降花与拒霜花名义相同。

【入药部位及性味功效】

芙蓉花，又称拒霜花、片掌花、四面花、转观花、醉酒芙蓉、文官花、九头花、七星花、富常花、霜降花、山芙蓉、胡索花、旱芙蓉、三变花，为植物木芙蓉的花。8～10月采摘初开放的花朵，晒干或烘干。味辛、微苦，性凉。归肺、心、肝经。清热解毒，凉血止血，消肿排脓。主治肺热咳嗽，吐血，目赤肿痛，崩漏，白带，腹泻，腹痛，痈肿，疮疖，毒蛇咬伤，水火烫伤，跌打损伤。

芙蓉叶，又称拒霜叶、芙蓉花叶、贴箍散，为植物木芙蓉的叶。夏、秋二季采收，晒干或阴干，研粉。味微苦、辛，性凉。归肺、肝经。清肺凉血，散热解毒，消肿排脓。用于肺热咳嗽，瘰疬，肠痈，肾盂肾炎，外治痈疖脓肿，脓耳，无名肿毒，烧、烫伤。

芙蓉根，为植物木芙蓉的根或根皮。秋季采挖，或剥取根皮，洗净，切片晒干。味辛、微苦，性凉。归心、肺、肝经。清热解毒，凉血消肿。主治痈疽肿毒初起，臁疮，目赤肿痛，肺痈，咳喘，赤白痢疾，肾盂肾炎。

【经方验方应用例证】

治缠身蛇丹（带状疱疹）：木芙蓉鲜叶阴干研末，调米浆涂抹患处。(《福建中草药》)

治痈疽肿痛：木芙蓉花叶、丹皮，水煎洗。(《湖南药物志》)

治水火烫伤：木芙蓉花晒干，研末，麻油调敷患处。(《湖南药物志》)

芙蓉膏：木芙蓉（叶，花）晒干，为末，加凡士林调成1∶4软膏。外敷，主治外科感染。(《中医皮肤病学简编》)

芙蓉内托散：主治便毒已成，元气弱者。(《外科大成》)

治肾盂肾炎：木芙蓉鲜根60～90克，荔枝核30克，猪腰子1对，水煎服。(《福建药物志》)

【中成药应用例证】

伤科活血酊：活血行气，祛湿消肿，行瘀止痛。用于急性闭合性软组织扭伤、挫伤所致的肿胀、疼痛、瘀斑。

复方木芙蓉涂鼻膏：解表通窍，清热解毒。用于流感及感冒引起的鼻塞，流涕，打喷嚏，鼻腔灼热等症。

复方芙蓉泡腾栓：清热燥湿，杀虫止痒。用于湿热型阴痒（包括滴虫性、霉菌性阴道炎），症见阴部潮红，肿胀，甚则痒痛，带下量多，色黄如脓，或呈泡沫米泔样或豆腐渣样，其气腥臭，舌红，苔黄腻，脉濡数。

感清糖浆：辛温解表，宣肺止咳。用于风寒感冒引起的头痛、畏寒、发热、流涕、咳嗽等。

芙蓉抗流感胶囊（木芙蓉叶）：清肺凉血，散热解毒。用于流行性感冒。

【现代临床应用】

芙蓉叶用于治疗烫伤，治疗流感。

木槿

Hibiscus syriacus L.

锦葵科（Malvaceae）木槿属落叶灌木。

小枝密被黄色星状茸毛。叶菱形或三角状卵形，基部楔形，通常具深浅不等的3裂。花单生枝端叶腋，花钟形，淡紫色；花梗短；小苞片6～7，线型；萼钟形，裂片5，三角形。蒴果椭圆形，顶端具喙，密被黄金色星状茸毛；种子背部有黄白色的腺毛。花期7～10月。

大别山地区广泛分布，常有栽培。生于山坡、路旁、田野、屋旁等处。

木槿始载于《本草拾遗》。《本草纲目》云："此花朝开暮落，故名日及。曰槿曰蕣，犹仅荣一瞬之义也。"《本草衍义》谓"湖南人家多种植为篱障"。故其植物名藩篱草、篱沿树，其花名藩篱花、篱障花。喇叭花、灯盏花，言花之形也，白玉花，猪油花、白饭花、白面花，言花之色也。

【入药部位及性味功效】

木槿花，又称里梅花、朝开幕落花、疟子花、篱障花、喇叭花、白槿花、白玉花、藩篱花、猪油花、桐树花、大碗花、碗盖花、扁状花、苦松花、水槿花、槿铃花、新米花、饭汤花、旱莲花、水昌花、槿树花、三七花、扦金花、灯盏花、木荆花、芭壁花、木红花、肉花、白饭花、白面花、白木棉花、白水绵花、白棉花，为植物木槿的花，夏、秋季选晴天早晨，花半开放时采收，晒干。味甘、苦，性凉。归脾、肺、肝经。清热利湿，凉血解毒。主治肠风泻泄，赤白下痢，痔疮出血，肺热咳嗽，咳血，白带，疮疖痈肿，烫伤。

木槿子，又称朝天子、川槿子、槿树子、木槿果，为植物木槿的果实。9～10月果实现黄绿色时采收，晒干。味甘，性寒。归肺、心、肝经。清肺化痰，止头痛，解毒。主治痰喘咳嗽，支气管炎，偏正头痛，黄水疮，湿疹。

木槿叶，为植物木槿的叶。全年均可采，鲜用或晒干。味苦，性寒。归心、胃、大肠经。清热解毒。主治赤白痢疾，肠风，痈肿疮毒。

木槿皮，又称槿皮、川槿皮、白槿皮、芦树皮、槿树皮、碗盖花皮，为植物木槿的茎皮或根皮。茎皮于4～5月剥取，晒干。味甘、苦，性微寒。归大肠、肝、心、肺、胃、脾经。清热利湿，杀虫止痒。主治湿热泻痢，肠风泻泄，脱肛，痔疮，赤白带下，阴道滴虫，皮肤疥癣，阴囊湿疹。

木槿根，又称藩篱草根，为植物木槿的根。全年均可采挖，洗净，切片，鲜用或晒干。味甘，性凉。归肺、肾、大肠经。清热解毒，消痈肿。主治肠风，痢疾，肺痈，肠痈，痔疮肿痛，赤白带下，疥癣，肺结核。

【经方验方应用例证】

治湿热白带：木槿花30克，猪瘦肉120克，水炖，喝汤食肉。(《安徽中草药》)

治痔疮出血：木槿花、槐花炭各15克，地榆炭9克，煎服。(《安徽中草药》)

佛桑散：主治痔漏。(《杨氏家藏方》)

槿花散：主治肠风痔漏。(《普济方》)

治盗汗：取木槿花开而再合者，焙干为末，每用一钱，猪皮煎汤调下，食后临卧。(《小儿卫生总微论方》)

治痢疾：木槿根50～100克，水煎服。(《浙南本草新编》)

治皮肤顽癣：木槿根或茎皮30克，水煎洗患处。(《福建药物志》)

【现代临床应用】

木槿花用于治疗细菌性痢疾。

山茶

Camellia japonica L.

山茶科（Theaceae）山茶属常绿灌木或小乔木。

叶革质，椭圆形，边缘具细锯齿。花顶生，红色；无柄；花瓣6～7片，倒卵圆形，无毛，合生；雄蕊3轮，外轮花丝基部连生。蒴果球形，径3～5厘米，3月裂，果爿厚木质。花期1～3月，果期9～10月。

生于温暖潮湿环境。大别山各县市常栽培观赏。

《本草纲目》谓："山茶产南方……叶颇似茶叶而厚硬，有棱，中阔头尖，面绿背淡，深冬开花，花瓣黄蕊。"《本草纲目拾遗》在宝珠山茶中又引《百草镜》曰："山茶多种，唯宝珠入药，其花大红四瓣，大瓣之中，又生碎瓣极多。"

植物滇山茶、西南红山茶、窄叶西南红山茶的花均供药用。

【入药部位及性味功效】

山茶花，又称曼阳罗树、宝珠山茶、红茶花、宝珠花、一捻红、耐冬，为植物山茶的花。1～3月花朵盛开期分批采收，晒干或炕干。干燥过程中，要少翻动，避免破碎或散瓣。味甘、苦、辛，性寒。归肝、肺、大肠经。凉血止血，散瘀消肿。主治吐血，衄血，咳血，便血，痔血，血淋，血崩，带下，烫伤，跌扑损伤。

山茶根，为植物山茶、西南红山茶、窄叶西南红山茶及滇山茶等的根。全年可采，洗净晒干。味苦、辛，性平。归胃、肝经。散瘀消肿，消食。主治跌打损伤，食积腹胀。

山茶叶，为植物山茶、西南红山茶、窄叶西南红山茶及滇山茶等的叶。全年可采，鲜用或洗净晒干。味苦、涩，性寒。归心经。清热解毒，止血。主治痈疽肿毒，汤火伤，出血。

山茶子，为植物山茶、西南红山茶、窄叶西南红山茶及滇山茶等的种子。10月采成熟果子，取种子，晒干。味甘，性平。去油垢。主治发多油腻。

山茶油，药性同山茶子，润肤解毒。主治汤火伤。

【经方验方应用例证】

治汤火灼伤：山茶花研末，麻油调敷。(《本草纲目》)

治痈疽肿毒：鲜山茶叶适量，捣烂外敷。(《浙江药用植物志》)

清肺饮子：清肺祛风。治酒渣鼻，鼻准发红，甚则延及鼻翼，皮肤变厚，鼻头增大，表面隆起，高低不平。(《古今医鉴》)

治痔疮出血：宝珠山茶研末冲服。(《本草纲目拾遗》)

治吐血：山茶花、白茄根各15克，白糖适量，水煎服。(《福建药物志》)

治外伤出血：山茶花焙干，研粉外敷。(《浙江药用植物志》)

【中成药应用例证】

麦冬十三味丸：清“协日”热，解瘟。用于瘟疫热，炽热，血热，肝胆热，胃肠热。

油茶

Camellia oleifera Abel.

山茶科（Theaceae）山茶属常绿灌木或小乔木。

叶革质，椭圆形或倒卵形，具细齿。花顶生，近于无柄，苞片及萼片阔卵形，花瓣白色，5～7，先端凹入或2裂，基部狭窄，近于离生。蒴果球形或卵圆形，果爿木质；果柄粗大，有环状短节。花期12月至次年1月，果期9～10月。

生于温暖潮湿环境。大别山有栽培，或逸为野生。

茶油即为《随息居饮食谱》所载之茶油，非《本草纲目拾遗》所载之茶油（梣树子油），“豫省闽粤皆食茶油，而不知为梣树子油，俗呼茶油，实非茶子油也。”

【入药部位及性味功效】

油茶子，又称茶子心、茶籽，为植物油茶的种子。秋季果实成熟时采收。味苦、甘，性平，有毒。归脾、胃、大肠经。行气，润肠，杀虫。主治气滞腹痛，肠燥便秘，蛔虫，钩虫，疥癣瘙痒。

油茶根，为植物油茶的根或根皮。全年均可采收，鲜用或晒干。味苦，性平，有小毒。清热解毒，理气止痛，活血消肿。主治咽喉肿痛，胃痛，牙痛，跌打伤痛，水火烫伤。

油茶叶，为植物油茶的叶。全年均可采收，鲜用或晒干。味微苦，性平。收敛止血，解毒。主治鼻衄，皮肤溃烂瘙痒，疮疽。

油茶花，又称茶子木花，为植物油茶的花。冬季采收。味苦，性微寒。凉血止血。主治吐血，咳血，衄血，便血，子宫出血，烫伤。

茶油，又称楂油、茶子油，为植物油茶种子的脂肪油。秋季果实成熟时采收种子，榨取油。味甘，苦，性凉。归大肠、胃经。清热解毒，润肠，杀虫。主治痧气腹痛，便秘，蛔虫腹痛，蛔虫性肠梗阻，疥癣，汤火伤。

茶油粑，又称枯饼、茶枯、茶麸、茶子饼、茶子麸、茶油麸，为植物油茶种子榨去脂肪油后的渣滓。味辛、苦、涩，性平，有小毒。归脾、胃、大肠经。燥湿解毒，杀虫去积，消肿止痛。主治湿疹痛痒，虫积腹痛，跌打伤肿。

【经方验方应用例证】

治食滞腹泻：油茶子9克，浓煎服。(《陆川本草》)

治皮肤瘙痒，汤火伤：茶子心10～15克，煎汤内服，或研末调敷。(《常见抗癌中草药》)

治小儿阳具红肿：茶籽、鸡矢藤、辣蓼，煎水洗患处。(《岭南草药志》)

治胃痛：油茶干根45克，水煎服。(《福建中草药》)

治烫伤：油茶根适量，烧灰，研末，用茶油调敷患处。(《福建药物志》)

治绞肠痧：油茶种子油60克，冷开水送服。(《福建中草药》)

治肺结核：茶油、蜂蜜各半汤勺，每日服3次。(《福建中草药》)

治小儿脸部生癣：茶油涂患处，日涂数次。(《岭南草药志》)

治铁钉刺伤脚底：茶油麸和桐油捣敷患处。(《岭南草药志》)

茶

Camellia sinensis (L.) O. Ktze.

山茶科（Theaceae）山茶属常绿灌木或小乔木。

叶长圆形或椭圆形，边缘有锯齿。花1～3朵腋生，白色，萼片5，卵形或圆形，宿存，花瓣5～6，宽卵形，基部稍连合。蒴果3球形或1～2球形。花期10月至次年2月，果期8～10月。

大别山作为经济作物大面积栽培，也有逸为野生者。生于温暖潮湿环境。

茶叶之名见于《宝庆本草折衷》。《新修本草》作“茗”等，首次收入本草著作中。《尔雅》郭璞注：“早采者为茶，晚者为茗。一名荈，蜀人谓之苦荼。”《茶经》曰：“茶者，南方佳木，自一尺、二尺至数尺。其巴山峡山有两人合抱者，伐而掇之，木如瓜芦，叶如栀子，花如白蔷薇，实如栟榈，蒂如丁香，根如胡桃，其名一曰茶，二曰槚，三曰蔎，四曰茗，五曰荈。”《本草图经》云：“今通谓之茶，茶荼声近，故呼之。春中始生嫩叶，蒸焙去苦水，末之乃可饮，与古所食殊不同也。”

【入药部位及性味功效】

茶叶，又称苦荼、槚、荼、茗、荈、蔎、腊茶、茶芽、芽茶、细茶、酪奴，为植物茶的嫩叶或嫩芽。培育3年即可采叶。4～6月采春茶及夏茶。各种茶类对鲜叶原料要求不同，一般红绿茶采摘1芽1～2叶，粗老茶可以1芽4～5叶。鲜叶采摘后经过杀青、揉捻、干燥制成

绿茶。绿茶加工后用香花熏制成花茶。鲜叶经过凋萎、揉捻、发酵、干燥制成红茶。味苦、甘，性凉。归心、肝、脾、肺、肾经。清头目，除烦渴，化痰，消食，利尿，解毒。用于头痛，目昏，多睡善寐，心烦口渴，食积痰滞，癫痫，小便不利，喉肿，疮疡疖肿，水火烫伤。

茶树根，为植物茶的根。全年可采挖，洗净，晒干。味苦，性凉。强心利尿，活血调经，清热解毒。主治心脏病，水肿，肝炎，疮疡肿毒，口疮，带状疱疹，牛皮癣。

茶膏，为植物茶的干燥嫩叶浸泡后，加甘草、贝母、橘皮、丁香、桂子等和煎制成的膏。味苦、甘，性凉。归心、胃、肺经。清热生津，宽胸开胃，醒酒怡神。主治烦热口渴，舌糜，口臭，喉痹。

茶花，为山茶科植物茶的花。夏、秋季开花时采摘，鲜用或晒干。味微苦，性凉。归肺、肝经。清肺平肝。主治鼻疳，高血压。

茶子，又称茶实，为植物茶的果实。秋果成熟时采收。味苦，性寒，有毒。归肺经。降火消痰平喘。主治痰热喘嗽，头脑鸣响。

【经方验方应用例证】

治感冒：干嫩茶叶和生姜切片，泡开水炖服。(《福建中草药》)

治哮喘：香橼一个，挖空去瓤，内填满细茶叶，2天后放入火灰中煨，再取茶水冲服。(《湖北中草药志》)

治肿毒：鲜茶叶捣烂敷患处。(《湖南药物志》)

治脚趾缝烂疮，及因暑手抓两脚烂疮：细茶研末调烂敷之。(《摄生众妙方》)

治心脏病：茶树根（10年以上者为好）30～60克，加糯米酒适量，水煎，临睡前顿服。如为风湿性心脏病，加树参30克，万年青6克；高血压、心脏病加锦鸡儿根30克；同煎服。(《浙江药用植物志》)

六合汤：治妇人头风眩晕。(《郑氏家传女科万金方》)

拔毒膏药：主治木石伤、刀铁伤成毒，或内受毒气，外起疮疔、痔漏、无名肿毒。(《医方易简》)

百疾消散：主治胸膈饱闷，肚腹疼痛，及伤风发热。(《梅氏验方新编》)

茶叶顶：主治虫积，哮喘，虫胀。(《串雅补》)

茶叶粥：取茶叶10克先煮取浓汁约1000克。去茶叶，在茶叶浓汁中加入粳米50克、白糖适量，再加入水400克左右，同煮为稀稠粥。化痰消食，利尿消肿，益气提神。适用于急慢性痢疾、肠炎。(《保生集要》)

化毒丸：主治一切痈肿，阳症大毒，杨梅结毒，日久不能痊愈者。(《经验奇方》)

【中成药应用例证】

七珠健胃茶：行气健脾，消积导滞，清热利湿。用于脾虚食滞证所引起的消化不良，精神疲倦，并对肥胖症，高血压、高血脂表现为上述症状者有辅助治疗作用。

乌丹降脂颗粒：益气活血。用于气虚血瘀所致的高脂血症，症见头晕耳鸣，胸闷肢麻，口干舌暗等。

救急行军散：通关消积，止痛止泻。用于中暑伤风，发热恶寒，头眩身酸，心胃气痛。

祛浊降脂茶：清热利湿、泻热通便。用于减肥，降脂。

降压颗粒：清热泻火，平肝明目。用于高血压病肝火旺盛所致的头痛、眩晕、目胀牙痛等症。

降浊健美颗粒：消积导滞，利湿降浊，活血祛瘀。用于湿浊瘀阻，消化不良，身体肥胖，疲劳神倦。

速止水泻颗粒：温中，健胃，消食，止泻。用于胃肠受寒消化不良，水泻不止。

金丝梅

Hypericum patulum Thunb. ex Murray

藤黄科（Guttiferae）金丝桃属灌木。

丛状，具开张的枝条，具2棱。叶披针形至卵形，先端钝至圆形，下面有疏或不可见的脉网；具柄。花序具1～15花；萼片离生，近等大或不等大，边缘有细的啮蚀状小齿至具小缘毛。花瓣金黄色，多少内弯，长圆状倒卵形至宽倒卵形，边缘全缘或略为啮蚀状小齿；雄蕊5束，短于花瓣；花柱离生，长度在子房1.5倍内。花期6～7月，果期8～10月。

英山、罗田等地有分布，生于山坡灌丛及水沟边。

金丝梅绿叶黄花，花朵硕大，花形美观，金黄醒目，观赏期长达10个月，是非常珍贵的野生观赏灌木。宜植于庭院内、假山旁及路边、草坪等处，也可配置专类园和花径，还可盆栽观赏，亦能作切花。

【入药部位及性味功效】

金丝梅，又称金丝桃、猪拇柳、土连翘、芒种花、黄花香、山栀子、打破碗花、过路黄、大叶黄、大田边黄、黄木、金香、端午花，为植物金丝梅的全株。夏季采集，洗净，切碎，晒干。味苦，性寒。归肝、肾、膀胱经。清热利湿解毒，疏肝通络，祛瘀止痛。主治湿热淋病，肝炎，感冒，扁桃体炎，疝气偏坠，筋骨疼痛，跌打损伤。

【经方验方应用例证】

治肝炎，感冒：芒种花根12～15克，水煎服。(《云南中草药》)

治扁桃体炎：金丝梅、板蓝根各15克，水煎服。(《秦岭巴山天然药物志》)

治跌打损伤：金丝梅、苎麻根适量，捣烂外包。(《秦岭巴山天然药物志》)

治烧烫伤：金丝梅花或叶和地榆叶各半，炒炭研末，溃者撒患处，未溃者用清油调搽。(《秦岭巴山天然药物志》)

【中成药应用例证】

平痔胶囊：清热解毒，凉血止血。用于大肠湿热蕴结所致内痔出血，外痔肿痛。

中国旌节花

Stachyurus chinensis Franch.

旌节花科（Stachyuraceae）旌节花属落叶灌木。

叶于花后发出，纸质至膜质，卵形至卵状长圆形，先端长渐尖，基部钝圆至近心形，边缘为圆齿状锯齿。穗状花序腋生，先叶开放，无梗；花黄色，近无梗或有短梗；萼片及花瓣卵形；雄蕊与花瓣近等长。果实圆球形，种子多数。花期3～4月，果期5～7月。

大别山各县市均有分布，生于海拔650米以上的山谷、林缘或杂灌丛中。

入药部分为枝条髓部，取时用细竹条捅出，有通草的功效，而较通草细，故称通草、小通花、通条树。

【入药部位及性味功效】

小通草，又称小通花，鱼泡通、喜马拉雅旌节花、通草树、通条树，为植物中国旌节花、喜马拉雅旌节花等的茎髓。9～10月将嫩枝砍下，剪去过细或过粗的枝，然后用细木棍将茎髓捅出，再用手拉平，晒干。味甘、淡，性凉。归肺、胃、膀胱经。清热，利水，通乳。主治热病烦渴，小便黄赤，热淋，水肿，小便不利，乳汁不通。

小通草叶，为植物中国旌节花、喜马拉雅旌节花等的嫩茎叶。夏季采收，鲜用。解毒，接骨。主治毒蛇咬伤，骨折。

【经方验方应用例证】

治急性尿道炎：小通草6克，地肤子、车前子（布包）各15克。煎服。(《安徽中药志》)

治产后乳汁不通：小通草6克，王不留行9克，黄蜀葵根12克，煎水当茶饮。如因血虚乳汁不多，加猪蹄1对，炖烂去渣，吃肉喝汤。(《安徽中草药》)

治乳少：黄芪30克，当归15克，小通草9克，水煎。(《甘肃中草药手册》)

治心烦失眠：通条树髓3～4.5克拌朱砂，水煎服。(《广西本草选编》)

【中成药应用例证】

麦当乳通颗粒：益气、养血、通乳。用于产后气血虚弱所致的缺乳或无乳，症见产后乳汁稀少，甚至全无，质地清稀，乳房柔软，无胀感。

芫花

Daphne genkwa Sieb. et Zucc.

瑞香科（Thymelaeaceae）瑞香属落叶灌木。

多分枝，幼枝纤细，黄绿色，密被淡黄色丝状毛，老枝褐色或带紫红色，无毛。叶多为对生，纸质。花比叶先开，紫色或淡蓝紫色；常3～6朵簇生叶腋或侧生。花萼筒细瘦，筒状。果实肉质，白色，椭圆形。花期3～5月，果期6～7月。

大别山各县市均有分布，生于海拔1000米以下的山坡或林下。

芫花始载于《神农本草经》，列为下品。《本草纲目》列为毒草类。古今药用芫花品种一致。

《说文解字》："元，始也。"从"艹"则称芫花。其花先叶开放，簇生枝顶，为小灌木。《本草汇言》谓"茎干不全类木，又非草本，草中木，木中草也"。《尔雅》认为"芫"当从"木"作"杬"。《本草经考注》："元音之字自有赤义，此物根茎皮淡黄赤色，故名。"《本草纲目》云："去水，言其功，毒鱼，言其性……俗人因其气恶，呼为头痛花。"闷头花、闹鱼花同此。

【入药部位及性味功效】

芫花，又称芫、去水、赤芫、败花、毒鱼、杜芫、头痛花、闷头花、老鼠花、闹鱼花、棉花条、大米花、芫条花、地棉花、九龙花、芫花条、癞头花、南芫花、毒老鼠花、紫金花，为植物芫花的花蕾。春季花未开放时采收，除去杂质，干燥。味苦、辛，性温，有毒。归肺、脾、肾经。泻水逐饮，祛痰止咳，解毒杀虫。主治水肿胀满，胸腹积水，痰饮积聚，气逆咳喘，二便不利，外治疥癣秃疮，痈肿，冻疮。

芫花根，又称黄大戟、蜀桑、铁牛皮、浮胀草，为植物芫花的根或根皮。全年均可采，挖根或剥取根皮，洗净，鲜用或切片晒干。味辛、苦，性温，有毒。归肺、脾、肝，肾经。逐水，解毒，散结。主治水肿，瘰疬，乳痈，痔瘘，疥疮，风湿痹痛。

【经方验方应用例证】

八反膏：主治痞块。(《种福堂方》)

半边散：逐水消肿。主治诸般水肿。(《奇效良方》)

荜芫汤：止痛。主治牙齿痛。(《辨证录》)

虫牙漱方：治虫牙。(《证治宝鉴》)

补阴丹：大健脾元。主治小肠气、膀胱气刺疼痛，妇人产后恶物不尽，变作血瘕者。(《博济》)

沉香煎丸：消化冷积。主治一切冷气，心胸痞滞，腹胁疼痛，伤冷心痛。(《传家秘宝》)

【中成药应用例证】

祛痰止咳胶囊：健脾燥湿，祛痰止咳。用于慢性支气管炎及支气管炎合并肺气肿、肺心病所引起痰多，咳嗽，喘息等症。

杜记独角膏：解毒，消肿止痛，托脓生肌，敛疮。用于痈疽肿痛、疮疡不敛、瘰疬痰核。

水蓬膏：消胀利水，活血化瘀。用于胸腹积水，胀满疼痛，积聚痞块，四肢浮肿，小便不利。

万灵筋骨膏：散风活络，舒筋定痛。用于风寒湿邪，伤于筋骨，关节疼痛，四肢麻木，行动艰难。

庆余辟瘟丹：辟秽气，止吐泻。用于感受暑邪，时行痧气，头晕胸闷，腹痛吐泻。

多毛荛花

Wikstroemia pilosa Cheng

瑞香科（Thymelaeaceae）荛花属落叶灌木。

当年生枝纤细，圆柱形，被长柔毛，二年生枝黄色，无毛；单叶对生或近对生至互生，膜质，卵形、椭圆状卵形或椭圆形，先端骤尖。总状花序顶生或腋生，长于叶，花序梗较短，与花序轴均被疏柔毛；花黄色，具短梗；萼筒纺锤形，外面密被长绢状柔毛，内面无毛。果红色。花期秋季，果期冬季。

大别山各县市均有分布，凡山坡、路旁、灌丛中均有生长。

荛花始载于《神农本草经》。《本草纲目》云："荛者，饶也。其花繁饶也。"古本草之荛花可能为瑞香科荛花属多种植物的花，其中以荛花（*Wikstroemia canescens* Wallich ex Meisner）为主。

【入药部位及性味功效】

浙雁皮，又称白山芝一、地棉皮，为瑞香科植物毛花荛花的茎皮。夏、秋季采收，剥取茎皮，鲜用或切段晒干。味苦、微辛，性寒，小毒。逐水消肿，解毒散结。主治水肿，疮疡肿毒。外用适量，捣敷。

结香

Edgeworthia chrysantha Lindl.

瑞香科（Thymelaeaceae）结香属落叶灌木。

茎皮极强韧；小枝粗壮，常作三叉分枝，幼时被绢状毛，叶痕大，直径约5毫米。先花后叶。叶互生，纸质，椭圆状长圆形、披针形或倒披针形。头状花序，成绒球状；花萼外面密被稠白色丝状毛，内面黄色无毛。果椭圆形，绿色。花期冬末春初，果期春夏间。

英山、罗田、麻城等地有分布，生于阴湿肥沃地或栽培。

以结香之名始载于《群芳谱》。其花现在不少地区以之充密蒙花售，实误。

【入药部位及性味功效】

梦花，又称黄瑞香、喜花、迎春花、打结花、梦冬花、雪里开、蒙花、一身保暖、岩泽兰、水菖花、蒙花珠、新蒙花、野蒙花，为植物结香的花蕾。冬末或初春花未开放时采摘花序，晒干备用。味甘，性平，无毒。归肾、肝经。滋养肝肾，明目消翳。主治夜盲，翳障，目赤流泪，羞明怕光，小儿疳眼，头痛，失音，夜梦遗精。

梦花根，为植物结香的根皮及茎皮。全年均可采，挖根，洗净，切片晒干。味辛，性平。归肾经。祛风通络，滋养肝肾。主治风湿痹痛，跌打损伤，梦遗，早泄，血崩，白带。

【经方验方应用例证】

治胸痛，头痛：结香花15克，橘饼1块，水煎服。(《福建药物志》)

治肺虚久咳：结香花9～15克，水煎服。(《浙江药用植物志》)

治风湿筋骨疼痛，麻木，瘫痪：结香根10克，威灵仙10克，常春藤30克，水煎服。(《四川中药志》1979年)

治遗精：结香根、黄精、黄柏、猪鬃草、夜关门、合欢皮各10克，水煎服。(《四川中药志》1979年)

喜树

Camptotheca acuminata Decne.

蓝果树科（Nyssaceae）喜树属落叶乔木。

叶互生，纸质，长卵形，先端渐尖，基部宽楔形，全缘或微呈波状，侧脉11～15对。多个头状花序组成圆锥花序。果两侧具窄翅，幼时绿色，干燥后黄褐色；近球形的头状果序。花期5～7月；果期9月。

原产我国中南部各省，大别山各县市均有栽植，团风县大崎山有大面积分布。生于海拔1000米以下林边或溪边。

喜树原名旱莲，始载于《植物名实图考》。曰："旱莲生南昌西山。赭干绿枝，叶如楮叶之无花杈者，秋结实作齐头筩子，百十攒聚如毬；大如莲实。"

【入药部位及性味功效】

喜树，又称旱莲、水桐树、天梓树、野芭蕉、旱莲木、水漠子、南京梧桐、水栗子、水冬瓜、秋青树、圆木、土八角、千丈树，为植物喜树的果实或根及根皮。果实于9月成熟时采收，晒干。根及根皮全年可采，以秋季采为宜，除去外层粗皮，晒干或烘干。味苦、辛，性寒，有毒。归脾、胃、肝经。清热解毒，散结消癥。主治食道癌，贲门癌，胃癌，肠癌，肝癌，白血病，牛皮癣，疮肿。

喜树皮，为植物喜树的树皮。全年均可采，剥取树皮，切碎晒干。味苦，性寒，小毒。活血解毒，祛风止痒。主治牛皮癣。

喜树叶，为植物喜树的叶。夏、秋季采，鲜用。味苦，性寒，有毒。清热解毒，祛风止痒。主治痈疮疖肿，牛皮癣。

【经方验方应用例证】

治胃癌，直肠癌，肝癌，膀胱癌：喜树根皮研末，每日3次，每次3克；喜树果研末，每日1次，每次6克。(《辨证施治》)

治白血病：喜树根30克，仙鹤草、鹿衔草、岩株、金银花、凤尾草各30克，甘草9克。煎汁代茶饮。(《本草骈比》)

治牛皮癣：喜树叶加水浓煎后，外洗患处。(《浙江民间常用草药》)

【中成药应用例证】

复生康胶囊：活血化瘀，健脾消积。用于胃癌、肝癌能增强放疗、化疗的疗效，增强机体免疫功能；能改善肝癌患者临床症状。

【现代临床应用】

喜树用于治疗食管癌、贲门癌、胃癌、原发性肝癌、银屑病、皮肤疣。

八角枫

Alangium chinense (Lour.) Harms

八角枫科（Alangiaceae）八角枫属落叶灌木或小乔木。

小枝微呈“之”字形，无毛或被疏柔毛。叶近圆形，先端渐尖或急尖，基部两侧常不对称；不定芽长出的叶常5裂，基部心形，全缘。聚伞花序腋生，有7～30（50）朵花；花萼具齿状萼片6～8；花瓣与萼齿同数，线形，白或黄色。核果卵圆形，长5～7毫米。花期5～7月和9～10月，果期7～11月。

大别山各县市均有分布，生于山地或疏林中。

八角枫始载于《本草从新》，称八角金盘。《本草纲目拾遗》称之木八角，云："木八角，木高二三尺，叶如木芙蓉，八角有芒，其叶近蒂处红色者佳，秋开白花细簇。"叶大如盘，常有五角或八角，故有八角枫、八角金盘、五角枫诸名。

【入药部位及性味功效】

八角枫根，又称白龙须（须根名）、白金条（侧根名）、白筋条，为植物八角枫、瓜木的根、须根及根皮。全年可采，挖取支根或须根，洗净，晒干。味辛、苦，性微温，小毒。归肝、肾、心经。祛风除湿，舒筋活络，散瘀止痛。主治风湿痹痛，四肢麻木，跌打损伤。

八角枫花，又称牛尾巴花，为植物八角枫、瓜木的花。5～7月采花，晒干。味辛，性平，小毒。归肝、胃经。散风，理气，止痛。主治头风头痛，胸腹胀痛。

八角枫叶，又称大风药叶，为植物八角枫、瓜木的叶。夏季采收，鲜用或晒干研粉。味苦、辛，性平，小毒。归肝、肾经。化瘀接骨，解毒杀虫。主治跌打瘀肿，骨折，疮肿，乳痈，乳头皲裂，漆疮，疥癣，刀伤出血。

【经方验方应用例证】

治风湿麻木瘫痪：白金条9克，红活麻9克，岩白菜30克，炖肉吃。(《贵阳民间药草》)

治半身不遂：白金条4.5克，蒸鸡吃。(《贵阳民间药草》)

治精神分裂症：八角枫根研粉，每服1.5～3克。开水送服。(《广西本草选编》)

治无名肿毒：白龙须根捣绒外敷。(《贵州草药》)

治过敏性皮炎：八角枫根适量，煎水外洗。(《云南中草药》)

治乳结疼痛：八角枫叶数十张，抽去粗筋，捣烂敷中指（左乳痛敷右中指，右乳痛敷左中指），轻者1次，重者3次。(《贵阳民间药草》)

治乳头皲裂：鲜大风药叶适量，捣烂包中指。(《玉溪中草药》)

【中成药应用例证】

外用无敌膏：祛风祛湿，祛瘀活血，消肿止痛，去腐生肌，清热拔毒，通痹止痛。用于跌打损伤，风湿麻木，腰肩腿痛，疮疖红肿疼痛。

金骨莲胶囊：祛风除湿，消肿止痛。用于风湿痹阻所致的关节肿痛、屈伸不利等。

风湿定胶囊：活血通络，除痹止痛。用于风湿性关节炎，类风湿性关节炎，颈肋神经痛，坐骨神经痛。

【现代临床应用】

八角枫根用于治疗慢性风湿性关节炎、用作肌肉松弛剂、麻醉；八角枫叶用于治疗踝部扭伤。

刺楸

Kalopanax septemlobus (Thunb.) Koidz.

五加科（Araliaceae）刺楸属落叶乔木。

小枝散生粗刺，刺基部宽阔扁平。叶纸质，在长枝上互生，在短枝上簇生，圆形或近圆形，掌状5～7裂，叶下幼时有疏短柔毛。伞形花序聚生为顶生圆锥花序；花白色或淡黄绿色；萼筒具5齿；花瓣5，镊合状排列。果蓝黑色。花期7～10月，果期9～12月。

英山、罗田、麻城、红安等地有分布，生于海拔1400米以下的山坡、山顶稀疏丛林中或路边向阳处。

刺楸始载于《救荒本草》，曰："其树高大，皮色苍白，上有黄白斑纹，枝梗间多有大刺，叶似楸叶而薄。"《本草纲目拾遗》载："鸟不宿，俗名老虎草，又名昏树晚娘棒。"

作刺楸树皮用的原植物还有深裂刺楸、毛叶刺楸。

【入药部位及性味功效】

刺楸树皮，又称丁桐皮、钉皮、刺楸皮、山上虎、狼牙棒、海桐皮、野海桐皮、刺五加，为植物刺楸的树皮。刺楸栽后15～20年，胸围达20厘米以上，才能采伐。味辛、苦，性凉。祛风除湿，活血止痛，杀虫止痒。主治风湿痹痛，肢体麻木，风火牙痛，跌打损伤，骨折，痈疽疮肿，疮癣。

刺楸树叶，又称鸟不宿叶、刺楸叶，为植物刺楸的叶。夏、秋季采收，多鲜用。味辛、微甘，性平。解毒消肿，祛风止痒。主治疮疡肿痛或溃破，风疹瘙痒，风湿痛，跌打肿痛。

刺楸树根，又称刺根白皮、鸟不宿根皮、钉木树根、刺五加、刺楸根，为植物刺楸的根或根皮。多于夏末秋初采挖，洗净，切片或剥取根皮切片，鲜用或晒干。味苦、微辛，性平。凉血散瘀，祛风除湿，解毒。主治肠风下血，风湿热痹，跌打损伤，骨折，全身浮肿，疮疡肿毒，瘰疬，痔疮。

刺楸茎，为植物刺楸的茎枝。全年均可采收，洗净，切片，鲜用或晒干。味辛，性平。祛风除湿，活血止痛。主治风湿痹痛，胃脘痛。

【经方验方应用例证】

治跌打损伤：刺楸树皮30克，酒泡服。(《湖北中草药志》)

治急性胃肠炎，痢疾：刺楸树皮15～30克，水煎服。(《广西本草选编》)

治慢性气管炎：刺楸树皮15克，水煎服。(《长白山植物药志》)

治皮肤感染或溃疡：刺楸树皮和叶50克，煎水洗患处。(《长白山植物药志》)

治难产：刺楸树叶一两，甘草五钱，好酒二碗，煎一碗，一次或分二次服。(《本草纲目拾遗》引《周益生家宝方》)

常春藤

Hedera nepalensis var. *sinensis* (Tobl.) Rehd.

五加科（Araliaceae）常春藤属常绿攀援灌木。

茎灰棕色或黑棕色，有气生根。叶革质，营养枝上三角状卵形或长圆形，全缘或3深裂；花枝上椭圆卵状带菱形，全缘或1～3浅裂。伞形花序单个顶生或2～7个总状或伞房状组成圆锥花序；花淡黄白色或淡绿白色，芳香，花瓣5，三角状卵形。果球形，橙黄色。花期9～11月，果期次年3～5月。

大别山各县市广泛分布，生于海拔450～1800米的林内、林缘、杂灌丛及村旁或路边。

四季常绿不凋，故名常春藤，始载于《本草拾遗》，“小儿取藤，于地打作鼓声”，故名土鼓，李邕改为常春藤。与薜荔相类而叶尖，因名尖叶薜荔。称“龙鳞”者，以其生长茂盛时，叶叶叠覆，形状相似也。上树蜈蚣、爬树龙等名，皆因其善攀援也。三角风、三角尖等，则由其叶形得名。

与常春藤功用相同的尚有菱叶常春藤、台湾常春藤。

【入药部位及性味功效】

常春藤，又称土鼓藤、龙鳞薜荔、尖叶薜荔、三角风、三角尖、上树蜈蚣、钻天风、爬树龙、岩筋、风藤、追风藤、扒岩枫、上天龙、散骨风、三角、风藤草、三角枫，为植物常春藤的茎叶。茎叶在生长茂盛季节采收，切段晒干，鲜用时可随采随用。味辛、苦，性平。

归肝、脾、肺经。祛风，利湿，和血，解毒。主治风湿痹痛，瘫痪，口眼㖞斜，衄血，月经不调，跌打损伤，咽喉肿痛，疔疖痈肿，肝炎，蛇虫咬伤。

常春藤子，为植物常春藤的果实。秋季果熟时采收，晒干。味甘、苦，性温。补肝肾，强腰膝，行气止痛。主治体虚羸弱，腰膝酸软，血痹，脘腹冷痛。

【经方验方应用例证】

治口眼㖞斜：三角风15克，白风藤15克，钩藤7克，泡酒500克，每服药酒15克，或蒸酒适量服用。(《贵阳民间药草》)

治慢性肝炎：三角风、猪鬃草各30克，水煎服。(《贵州草药》)

治皮肤痒：三角风全草500克。熬水沐浴，每3天一次，经常洗用。(《贵阳民间药草》)

【中成药应用例证】

天麻壮骨丸：祛风除湿，活血通络，补肝肾，强腰膝。用于风湿阻络，偏正头痛，头晕，风湿痹痛，腰膝酸软，四肢麻木。

楤木

Aralia elata (Miq.) Seem.

五加科（Araliaceae）楤木属落叶小乔木。

茎无枝，被黄棕色茸毛和短刺。二至三回羽状复叶，小叶上面疏生糙伏毛，下面被灰黄色短柔毛，两面常被细刺。伞形花序聚生为顶生伞房状圆锥花序；主轴短，长2～5厘米；花白色；萼边缘有5齿。花期6～8月，果期9～10月。

大别山各县市均有分布，生于森林、灌丛或林缘路边。

【入药部位及性味功效】

龙牙楤木叶，又称刺老鸦叶，为植物楤木的嫩叶及芽。春季采收，鲜用。味微苦、甘，性凉。清热利湿。主治湿热泄泻，痢疾，水肿。

龙牙楤木果，为植物楤木的果实。9～10月果熟时采收，鲜用或晒干。味辛，性平。下乳。主治乳汁不足。

刺龙牙，又称刺老牙、鹊不踏、刺老鸦、虎阳刺，为植物楤木的根皮和树皮。春、秋季挖取根部，剥取根皮或剥取树皮，除去泥土杂质，切段或片，鲜用或晒干。味辛、微苦、甘，性平。益气补肾，祛风利湿，活血止痛。主治气虚乏力，肾虚阳痿，胃脘痛，消渴，失眠多梦，风湿骨痹，腰膝无力，跌打损伤，骨折，膨胀，水肿，脱肛，疥癣。

《本草拾遗》云："楤木生江南山谷，高丈余，直上无枝，茎上有刺，山人折取头茹食之。一名吻头。"《本草纲目》曰："今山中亦有之。树顶丛生叶，山人采食，谓之鹊不踏，以其多刺而无枝故也。"

【经方验方应用例证】

治肾虚，神经性衰弱：刺老鸦6克，水煎服。(《黑龙江常用中草药手册》)

治糖尿病：楤木9克，水煎服。(《青岛中草药手册》)

治胃、十二指肠溃疡，慢性胃炎：龙牙楤木根皮5千克，加水25千克，熬成膏。每服3～5毫升，每日3次。(《全国中草药汇编》)

治外伤骨折：刺老鸦鲜根皮捣烂外敷。(《辽宁常用中草药手册》)

治肝硬化腹水：刺老鸦根皮、瘦猪肉各125克，加水炖熟后喝汤食肉。(《辽宁常用中草药手册》)

治腹泻，痢疾：刺老鸦嫩芽适量，做菜食用。(《吉林中草药》)

治乳汁不足：龙牙楤木果适量，煎水，加煮红皮鸡蛋数个，一并服下。(《东北药用植物》)

山茱萸

Cornus officinalis Sieb. et Zucc.

山茱萸科（Cornaceae）山茱萸属落叶乔木或灌木。

树皮灰褐色，成薄片剥裂。叶对生，卵状披针形或椭圆形，上面无毛，下面稀被贴生短柔毛。伞形花序生于枝侧，总苞片卵形，带紫色；花瓣黄色，向外反卷；柱头截形。核果长椭圆形。花期3～4月，果期9～10月。

大别山各县市均有分布，生于海拔400～1500米的林缘或森林中。常做药用植物栽培。

山茱萸始载于《神农本草经》，列为中品。《本草纲目》收载于木部灌木类。“山茱萸”名义不详。以“枣”称之者，因其核果树时形色均如小枣。药用主要取其果肉，故处方时亦写作山萸肉、萸肉等。

【入药部位及性味功效】

山茱萸，又称蜀枣、魃实、鼠矢、鸡足、山萸肉、实枣儿、肉枣、枣皮、药枣、红枣皮，为植物山茱萸的果肉。育苗到结果需培育6～7年，15～20年为盛果期。9～11月果皮变红时分批采收果实，切忌损伤花芽。果实置沸水中烫10～15分钟后，及时捞出浸冷水，趁热除去果核，果肉晒干或烘干。味酸、涩，性微温。归肝、肾经。补益肝肾，收涩固脱。主治眩晕，耳聋耳鸣，腰膝酸痛，阳痿遗精，遗尿尿频，崩漏带下，大汗虚脱，妇女崩漏。

【经方验方应用例证】

清热地黄汤：清热解毒、凉血散瘀。主治血崩烦热，脉洪涩者。（《幼科直言》）

左归丸：滋阴补肾，填精益髓。主治真阴不足证，症见头晕目眩，腰酸腿软，遗精滑泄，自汗盗汗，口燥舌干，舌红少苔，脉细。(《景岳全书》)

上下相资汤：养阴清热，固冲止血。主治血崩之后，口舌燥裂，不能饮食。(《石室秘录》)

益阴汤：养阴敛汗。主治阴虚有热，寐中盗汗。(《类证治裁》)

归肾丸：滋阴养血，填精益髓。主治肾水不足，腰酸脚软，精亏血少，头晕耳鸣；肾阴不足，精衰血少，腰酸脚软，形容憔悴，阳痿遗精。(《景岳全书》)

【中成药应用例证】

三宝片：填精益肾，养心安神。用于肾阳不足所致腰酸腿软，阳痿遗精，头晕眼花，耳鸣耳聋，心悸失眠，食欲不振。

丹杞颗粒：补肾壮骨。用于骨质疏松症属肝肾阴虚证，症见腰脊疼痛或全身骨痛，腰膝酸软，或下肢痿软，眩晕耳鸣，舌质偏红或淡。

人参固本口服液：滋阴益气，固本培元。用于阴虚气弱，虚劳咳嗽，心悸气短，骨蒸潮热，腰酸耳鸣，遗精盗汗，大便干燥。

健脾润肺丸：滋阴润肺，止咳化痰，健脾开胃。用于痨瘵，肺阴亏耗，潮热盗汗，咳嗽咯血，食欲减退，气短无力，肌肉瘦削等肺痨诸症。并可辅助治疗抗痨药物引起的肝功损害。

健血颗粒：益气养血，祛瘀生新。用于放疗、化疗及接触有机溶剂引起的白细胞减少症，及原因不明的白细胞减少症。

六味地黄丸：滋阴补肾。用于肾阴亏损，头晕耳鸣，腰膝酸软，骨蒸潮热，盗汗遗精，消渴。

青荚叶

Helwingia japonica (Thunb.) Dietr.

青荚叶科（Helwingiaceae）青荚叶属落叶灌木。

叶纸质，卵形、卵圆形，稀椭圆形，先端渐尖，基部宽楔形或近圆，边缘具刺状细锯齿；托叶线状分裂。花淡绿色，3～5数，花萼小，花瓣镊合状排列；雄花呈伞形或密伞花序，常着生于叶上面中脉的1/2～1/3处，稀着生于幼枝上部；雌花着生于叶上面中脉的1/2～1/3处。浆果熟后黑色。花期4～5月，果期8～9月。

英山、罗田、麻城等地有分布，生于海拔300～2400米的林下、沟边阴湿处。

原名青荚叶，始载于《植物名实图考》，"青荚叶，一名阴证药，又名大部参"，应为山茱萸科青荚叶或其近缘种。

【入药部位及性味功效】

叶上珠，又称阴证药、大部参、叶上花、叶上果、大叶通草、转竺、小录果，为植物青荚叶、西域青荚叶或中华青荚叶的叶或果实。夏季或初秋叶片未枯黄前，将果实连叶采摘，晒干或鲜用。味苦、辛，性平。祛风除湿，活血解毒。主治感冒咳嗽，风湿痹痛，胃痛，痢疾，便血，月经不调，跌打瘀肿，骨折，痈疖疮毒，毒蛇咬伤。

叶上果根，又称叶上花根，为植物青荚叶、西域青荚叶或中华青荚叶的根。全年可采，洗净，切片，晒干。味辛、微甘，性平。止咳平喘，活血通络。主治久咳虚喘，劳伤腰痛，风湿痹痛，跌打肿痛，胃痛，月经不调，产后腹痛。

青荚叶茎髓，为植物青荚叶、西域青荚叶或中华青荚叶的茎髓。秋季割下枝条，截断，趁鲜用木棍顶出茎髓，理直晒干。味甘、淡，性平。通乳。主治乳少，乳汁不畅。

【经方验方应用例证】

治痢疾，便血，胃痛：青荚叶9～15克，水煎服。(《广西本草选编》)

治劳伤：叶上果根30克，泡酒服。(《贵州草药》)

治妇人不孕：叶上果根和叶各9克，煎水服。(《贵州草药》)

治久咳喘：叶上果根9～15克，煎水服。(《贵州草药》)

治乳少，乳汁不畅：3～9克本品，煎汤。(《广西药用植物名录》)

羊踯躅

Rhododendron molle (Blume) G. Don

杜鹃花科（Ericaceae）杜鹃属落叶灌木。

叶纸质，长圆形，先端钝，有短尖头，基部楔形。总状伞形花序顶生，花多达13朵，先花后叶或与叶同时开放；花冠阔漏斗形，5裂，黄色或金黄色，内有深红色斑点。蒴果圆锥状长圆形，具5条纵肋，被微柔毛和疏刚毛。花期3～5月，果期7～8月。

麻城、英山、罗田等地均有分布，生于山坡草地或丘陵地带的灌丛或山脊杂木林下。

闹羊花，原名羊踯躅，始载于《神农本草经》，列为下品。《本草经集注》谓："羊误食其叶，踯躅而死，故以为名。"闹羊花、惊羊花等亦同此义。三钱三、一杯倒、一杯醉、闷头花诸名，皆从毒性而言，亦以虎、豹、蛇等称之。羊不食草、羊不吃草等，皆因羊不喜食也。花常开于山石间，因形似而称石棠花、石菊花。因其与杜鹃花相似而色黄，故有黄杜鹃花等名。《百草镜》云："壳似连翘，子类芝麻。"故有土连翘、山芝麻诸名。

【入药部位及性味功效】

羊踯躅根，又称山芝麻根、巴山虎、闹羊花根，为植物羊踯躅的根。全年均可挖，洗净，切片，晒干。味辛，性温，有毒。祛风除湿，化痰止咳，散瘀止痛。主治风寒湿痹，痛风，咳嗽，跌打肿痛，痔漏，疥癣。

闹羊花，又称羊踯躅花、踯躅花、惊羊花、老虎花、石棠花、黄喇叭花、水兰花、老鸦花、豹狗花、黄蛇豹花、三钱三、一杯倒、一杯醉、黄牯牛花、石菊花、黄杜鹃花、闷头花、山茶花、黄花花、雷公花、黄花女、毛老虎，为植物羊踯躅的花。闹羊花移栽1～2年后，每年4～5月花初开时采收，阴干或晒干。味辛，性温，有大毒。归肝经。祛风除湿，散瘀定痛，杀虫。主治风湿痹痛，偏正头痛，跌扑肿痛，龋齿疼痛，皮肤顽癣，疥疮。

六轴子，又称羊踯躅果、土连翘、山芝麻、闹羊花子、天芝麻、闹羊花头、八厘麻子，为植物羊踯躅的果实。9～10月果实成熟而未开裂时采收，采下果序，用热水略烫后晒干。味苦，性温，有毒。祛风燥湿，散瘀止痛，定喘止泻。主治风寒湿痹，历节肿痛，跌打损伤，喘咳，泻痢，痈疽肿毒。

【经方验方应用例证】

治神经性头痛，偏头痛：鲜闹羊花捣烂，外敷后脑或痛处2～3小时。(《浙江民间常用草药》)

麻沸散：作麻醉剂用。本品三钱，茉莉花根一钱，当归一钱，菖蒲三分。水煎服一碗，(《华佗神医秘传》)

治皮肤顽癣及瘙痒：鲜闹羊花15克，捣烂敷患处。(《闽东本草》)

参灵丸：治大风肿烂，瘫痪，抽掣，困顿。(《解围元薮》)

巴鲫膏：治一切痈疽疔毒，未成即消，已成即溃。(《鸡鸣录·外科》)

慈云散：接骨回生。主治跌打损伤，及痈疽疔肿大毒，初起即消，已成即溃。(《伤科汇纂》)

甘醴：使麻痹，不省人事。(《解围元薮》)

九龙定风针：治跌打损伤，或手足肩腰疯痛，年久不愈，酸痛隐在骨节筋间，非膏药煎剂之力所能到者。(《经验奇方》)

除秽靖瘟丹：除秽。主治瘟疫。(《松峰说疫》)

【中成药应用例证】

蟾乌巴布膏：活血化瘀，消肿止痛，用于肺、肝、胃等多种癌症引起的疼痛。

六味木香胶囊：开郁行气，止痛。用于胃痛，腹痛，嗳气呕吐。

镇痛口服液：活血通络、散寒止痛。用于血栓闭塞性脉管炎，肝癌、乳腺癌、胃癌、乳腺癌等肿瘤属寒凝瘀滞所致的疼痛。

风湿二十五味丸：用于游痛症、风湿、类风湿性关节炎、颈椎病、肩周炎、脊椎炎、坐骨神经痛、痛风、骨关节炎等。

生发搽剂：温经通脉。用于经络阻隔、气血不畅所致的油风，症见头部毛发成片脱落、头皮光亮、无痛痒；斑秃见上述证候者亦可应用。

杜鹃

Rhododendron simsii Planch.

杜鹃花科（Ericaceae）杜鹃属落叶灌木。

分枝多而纤细。叶卵形革质，常集生枝端，疏被糙伏毛，先端短渐尖，基部楔形或宽楔形，边缘微反卷，具细齿。花簇生枝顶；花冠阔漏斗形，5裂，玫瑰色、鲜红色或暗红色，上部裂片具深红色斑点；雄蕊10。蒴果卵球形，密被糙伏毛；花萼宿存。花期4～5月，果期6～8月。

大别山各县市具有分布，生于山地疏灌丛或松林下。

因于清明时节杜鹃鸟鸣时开花而得名，亦称清明花。其花似羊踯躅花而色红，故有红踯躅等名。映山红、满山红诸名，得之于花开之时，遍布山野之盛势也。《本草纲目》谓其“蒂如石榴花”，故名山石榴。

“人间四月天，麻城看杜鹃”，麻城杜鹃花是世界上最大的映山红群落，其面积之大、年代之久、密度之高、品种之纯、花色之美，中国一绝，世界罕见。

麻城龟峰山古杜鹃群落连片面积达1万多亩，属原生态古杜鹃群落。龟峰山杜鹃花王是杜鹃花海中最大的一棵杜鹃，也是世界上迄今为止发现的杜鹃花中最大的一棵，树龄500年以上，其神奇之处在于一个树蔸上同时生长着56根树干，十分壮观。

【入药部位及性味功效】

杜鹃花，又称红踯躅、山踯躅、山石榴、映山红、杜鹃、艳山红、山归来、满山红、清

明花、红柴爿花、灯盏红花、山茶花、虫鸟花、报春花、迎山红、红花杜鹃、春明花、长春花、应春花，为植物杜鹃的花。4～5月花盛开时采收，烘干。味甘、酸，性平。归肺、肝、胃经。和血，调经，止咳，祛风湿，解疮毒。用于吐血，衄血，崩漏，月经不调，咳嗽，风湿痹痛，痈疖疮毒。

杜鹃花根，又称翻山虎、映上红根，为植物杜鹃的根。全年均可采，洗净，鲜用或切片，晒干。味酸、甘，性温。和血止血，消肿止痛。主治月经不调，吐血，衄血，便血，崩漏，痢疾，脘腹疼痛，风湿痹痛，跌打损伤。

杜鹃花叶，又称映山红叶，为植物杜鹃的叶。春、秋季采收，鲜用或晒干。味酸，性平。清热解毒，止血，化痰止咳。主治痈肿疮毒，荨麻疹，外伤出血，支气管炎。

杜鹃花果实，又称映山红子，为植物杜鹃的果实。8～10月果熟时采收，晒干。味甘、辛，性温。活血止痛。主治跌打肿痛。

【经方验方应用例证】

治疗痈疥毒：杜鹃花5～7个，或嫩叶适量，嚼烂敷患处。禁忌鱼腥。(江西《草药手册》)

治指疗，各种阳性肿毒：新鲜杜鹃的枝头嫩叶适量，捣烂如泥，敷于患处，每日换药2次。(《江西民间草药验方》)

治产后腹痛：映山红鲜根60克，水煎服。(《浙江药用植物志》)

治荨麻疹：杜鹃鲜叶煎汤浴洗。(《福建中草药》)

治跌打损伤：映山红子研末1.5克，用酒吞服。(《贵州草药》)

【中成药应用例证】

景天祛斑胶囊：活血行气，祛斑消痤。用于气滞血瘀所致的黄褐斑、痤疮。

十一味斑蝥丸：开窍，镇惊。用于癫痫，惊痫昏厥等。

映山红糖浆：祛痰、止咳。用于慢性气管炎。

紫金牛

Ardisia japonica (Thunberg) Blume

紫金牛科（Myrsinaceae）紫金牛属小灌木或亚灌木。

近蔓生，具匍匐生根的根茎。直立茎常不分枝；叶对生或轮生，椭圆形或椭圆状倒卵形，先端尖，基部楔形，具细齿。亚伞形花序，腋生或生于近茎顶端的叶腋；花萼基部连合，萼片卵形，顶端急尖或钝；花瓣粉红色或白色，广卵形。果球形，鲜红色转黑色。花期4～6月，果期11月至次年1月。

大别山各县市均有分布，生于山间林下或竹林下，阴湿的地方。

平地木始载于《李氏草秘》。植株低小，故以"矮""地"为名。千年不大、老不大等，亦同此义。其叶似茶叶，故又多以"茶"相称。《本草纲目拾遗》："俗呼矮脚樟，以其似樟叶而木短也。"珠果赤色，生于叶下，故又有叶下红、叶底红、叶下珍珠等名。其果实熟后经久不落，霜雪天依然红赤如珠，故称雪里珠。映山红，为形容果盛之貌，又因喜生荫湿之处，亦称阴山红。叶多生茎梢，而有铺地凉伞名。

【入药部位及性味功效】

平地木，又称矮地茶、叶下红、叶底红、矮脚樟、雪里珠、矮脚草、地茶、小青、矮茶、短脚三郎、矮茶荷、矮茶风、矮茶子、地青杠、老勿大、金牛草、千年不大、叶下珍珠、老不大、铺地凉伞、阴山红、野枇杷叶、不出林，为植物紫金牛的全株。栽后3～4年在8～9月采收，宜用挖密留稀的办法，或每隔25厘米留苗2～3株不挖，过2～3年又可收获。挖后洗净晒干。味辛、微苦，性平。归肺、肝经。化痰止咳，利湿，活血。主治新久咳嗽，痰中带血，

黄疸，水肿，淋证，白带，经闭痛经，风湿痹痛，跌打损伤，睾丸肿痛。

【经方验方应用例证】

治小儿肺炎：紫金牛30克，枇杷叶7片，陈皮15克；如有咯血或痰中带血者，加墨旱莲15克。水煎，每日1剂，分2次服。(《全国中草药汇编》)

治急性黄疸型肝炎：紫金牛、阴行草、车前草各30克，白茅根15克，水煎服。(《安徽中草药》)

治肾炎浮肿，尿血尿少：紫金牛、车前草、葎草、鬼针草各9克，水煎服。(《安徽中草药》)

复方矮地茶糖浆：祛痰止咳。主治慢性及急性气管炎。(《湖南省中成药规范》)

复方千日红片：清热化痰，止咳平喘。主治慢性支气管炎。(《中药知识手册》)

蓟菜汤：清热解毒，活血化瘀，祛痰止咳。主治风温犯肺，瘀热内蕴，肺失宣降。(刘祥泉方)

【中成药应用例证】

抗痨胶囊：散瘀止血，祛痰止咳。用于肺虚久咳，痰中带血。

止咳定喘片：止咳祛痰，消炎定喘。用于支气管哮喘，哮喘性支气管炎。

清咳平喘颗粒：清热宣肺，止咳平喘。用于急性支气管炎、慢性支气管炎急性发作属痰热郁肺证，症见咳嗽气急，甚或喘息，咯痰色黄或不爽，发热，咽痛，便干，苔黄或黄腻等。

清金糖浆：清热、祛痰、止咳、平喘。用于急性支气管炎及慢性支气管炎急性发作属痰热证，症见咳嗽，咯痰，喘息等症。

肝毒净颗粒：清热解毒，利湿化瘀。用于慢性乙型肝炎湿热瘀毒证，症见肝区胀痛或刺痛，纳差泛恶，口干苦黏，脘痞腹胀，腿酸乏力，小便黄，大便或溏或秘。

君迁子

Diospyros lotus L.

柿科（Ebenaceae）柿属落叶乔木。

小枝褐色或棕色，有纵裂的皮孔，无枝刺。叶近膜质，椭圆形至长椭圆形，先端渐尖或急尖，基部钝。花冠壶形；雄花1～3朵腋生，簇生，花冠带红色或淡黄色；雌花单生，几无梗，花冠淡绿色或带红色。果实初熟时淡黄色，后变为蓝黑色；几无柄。花期5～6月，果期10～11月。

大别山各县市均有分布，生于山坡灌丛或山谷沟畔林中。

君迁子始见于《本草拾遗》，谓其"子中有汁如乳汁"。《本草纲目》云："梬枣，其形似枣而软也。"《名苑》谓，君迁子似马奶，即今牛奶柿也，以形得名。《古今注》云，牛奶柿即梬枣，叶如柿，子亦如柿而小。

【入药部位及性味功效】

君迁子，又称樗枣、小柿、（梬）枣、牛奶柿、软枣、丁香柿、红蓝枣，为植物君迁子的果实。10～11月果实成熟时采收，晒干或鲜用。味甘、涩，性凉。清热，止渴。主治烦热，消渴。

柿

Diospyros kaki Thunb.

柿科（Ebenaceae）柿属落叶大乔木。

枝散生纵裂的长圆形或狭长圆形皮孔。叶纸质，卵状椭圆形至倒卵形或近圆形，长5～18厘米，宽2.8～9厘米。花雌雄异株，稀雄株有少数雌花，雌株有少数雄花；聚伞花序腋生；雄花序有花3～5朵，雌花单生叶腋；花冠钟状，黄白色。果无毛。花期5～6月，果期9～10月。

大别山各县市栽培。

植物柿在《礼记》中已有记载。柿蒂入药始见于《本草拾遗》，形状似钉，平展后类方形，又似古钱，故称柿钱、柿丁。为宿存之花萼，故亦称柿萼。

罗田甜柿，湖北省罗田县特产，是自然脱涩的甜柿品种。秋天成熟后，不需加工，可直接食用。其特点是个大色艳，身圆底方，皮薄肉厚，甜脆可口。2008年9月19日，原国家质量监督检验检疫总局批准对“罗田甜柿”实施地理标志产品保护，保护范围为湖北省罗田县所辖行政区域。

【入药部位及性味功效】

柿蒂，又称柿钱、柿丁、柿子把、柿萼，为植物柿的宿存花萼。秋、冬季收集成熟柿子的果蒂（带宿存花萼），去柄，洗净，晒干。味苦、涩，性平。归胃经。降逆止呃。用于呃逆，嗳气，反胃。

柿子，为植物柿的果实。霜降至立冬间采摘，经脱涩红熟后，食用。味甘、涩，性凉。归心、肺、大肠经。清热，润肺，生津，解毒。主治咳嗽，吐血，热渴，口疮，热痢，便血。

柿漆，又称柿涩，为植物柿及同属植物的未成熟果实，经加工制成的胶状液。采摘未成熟的果实，捣烂，置于缸中，加入清水，搅动，放置若干时，将渣滓除去，剩下胶状液，即为柿漆。味苦、涩。平肝。主治高血压。

柿皮，为植物柿的外果皮。将未成熟的果实摘下，削取外果皮，鲜用。味甘、涩，性寒。清热解毒。主治疔疮，无名肿毒。

柿叶，为植物柿的干燥叶。霜降后采收，除去杂质，晒干。味苦，性寒。归肺经。清肺止咳，活血止血，生津止渴。主治肺热咳喘，肺气胀，各种内出血，高血压，津伤口渴。

柿花，为植物柿的花。4～5月花落时采收，除去杂质，晒干或研成粉。味甘，性平。归脾、肺经。降逆和胃，解毒收敛。主治呕吐，吞酸，痘疮。

柿木皮，为植物柿的树皮。全年均可采收，剥取树皮，晒干。味涩，性平。清热解毒，止血。主治下血，汤火疮。

柿根，为植物柿的根或根皮。9～10月采挖，洗净，鲜用或晒干。味涩，性平。清热解毒，凉血止血。主治血崩，血痢，痔疮，蜘蛛背。

柿饼，又称火柿，乌柿，干柿，白柿，柿花，柿干，为植物柿的果实经加工后柿饼。秋季将未成熟的果实摘下，剥除外果皮，日晒夜露，经过1个月后，放置席圈内，再经1个月左右，即成柿饼。味甘，性平，微温。润肺，止血，健脾，涩肠。主治咯血，吐血，便血，尿血，脾虚消化不良，泄泻，痢疾，喉干音哑，颜面黑斑。

柿霜，为植物柿的果实制成柿饼时外表所生的白色粉霜，刷下，即为柿霜。将柿霜放入锅内加热溶化后，呈饴状时，倒入模具中，冷后，取出干燥，即为柿霜饼。味甘，性凉。归心、肺、胃经。清热生津，润肺止咳，止血。主治肺热燥咳，咽干喉痛，口舌生疮，吐血，咯血，消渴。

柿霜饼，为植物柿的果实，在加工“柿饼”时析出的白色粉霜的饼状复制品。味甘，性凉。清热，润燥止咳。用于咽干喉痛，口舌生疮。

【经方验方应用例证】

治高血压：柿漆1～2匙，用牛乳或米饮汤和服，每日2～3次。(《现代实用中药》)

治紫癜风：柿叶研末，每次服3克，每日服3次。(《湖南药物志》)

治高血压：柿叶研末，每次服6克。(《湖南药物志》)

治疔疮，无名肿毒：柿子鲜皮，贴敷。(《滇南本草》)

治痘疮破烂：柿花晒干为末，搽之。(《滇南本草》)

治汤火疮：柿木皮，烧灰，油调敷。(《本草纲目》)

治反胃：柿饼同干饭日日食之，绝不用水饮。(《经验方》)

治慢性气管炎，干咳喉痛：柿霜12～18克，温水化服，每日2次分服。(《全国中草药汇编》)

【中成药应用例证】

复方大红袍止血胶囊：收敛止血。用于功能性子宫出血，人工流产术后出血，放取环术后出血，鼻衄，胃出血及内痔出血等。

养容祛斑膏：消斑润肤。用于面部黄褐斑、轻度雀斑、过敏性刺痒的辅助治疗。

噎膈丸：补益肺肾，润燥生津，通咽利膈。用于噎膈，咽炎，吞咽不利，咽哽干燥；亦可用于食管黏膜上皮不典型增生及食管癌的辅助治疗。

四方胃胶囊：疏肝和胃，制酸止痛。用于肝胃不和所致胃痛，胃酸过多，消化不良；胃及十二指肠溃疡见上述症候者亦可应用。

心脑联通胶囊：活血化瘀，通络止痛。用于瘀血闭阻引起的胸痹，眩晕，症见胸闷，胸痛，心悸，头晕，头痛耳鸣等；冠心病心绞痛，脑动脉硬化及高脂血症见上述证候者亦可应用。

脑心清胶囊：活血化瘀，通络。用于脉络瘀阻、眩晕头痛，肢体麻木，胸痹心痛，胸中憋闷，心悸气短；冠心病，脑动脉硬化症等见上述证候者亦可应用。

牛黄噙化丸：清热解毒，止痛。用于咽喉肿痛，口燥咽干，痰涎不出，咳嗽声哑。

白檀

Symplocos paniculata (Thunb.) Miq.

山矾科（Symplocaceae）山矾属落叶灌木或小乔木。

嫩枝有灰白色柔毛，老枝无毛。叶膜质或薄纸质，阔倒卵形、椭圆状倒卵形或卵形，边缘有细尖锯齿。顶生圆锥花序长5～8厘米；花白色，5深裂。核果熟时蓝色，长5～8毫米，宿存萼裂片直立。核果熟时蓝色，卵状球形。花期5～6月，果期7～8月。

大别山各县市均有分布，生于海拔760～2500米的山坡、路边、疏林或密林中。

白檀出自《本草经集注》，为《名医别录》记载的檀香之一种。陶隐居云："白檀消热肿。"李时珍云："檀，善木也，故字从亶。亶，善也。"《楞严经》云：白旃檀涂身，能除一切热恼。

【入药部位及性味功效】

白檀，又称砒霜子、蛤蟆涎、白花茶、牛筋叶、檀花青，为植物白檀的根、叶、花或种子。根，秋、冬季挖取；叶，春、夏季采摘；花、种子，于5～7月花果期采收，晒干。味苦，性微寒。清热解毒，调气散结，祛风止痒。主治乳腺炎，淋巴腺炎，肠痈，疮疖，疝气，荨麻疹，皮肤瘙痒。

【经方验方应用例证】

治乳腺炎，淋巴腺炎：白檀9～24克，水煎服，红糖为引。（《玉溪中草药》）

治肠痈，胃癌：白檀9克，茜草6克，鳖甲6克，水煎服。（《玉溪中草药》）

薄荷白檀汤：消风化痰，清头目。主治风壅头目眩，鼻塞、烦闷、精神不爽。（《宣明论》）

沉香导气丸：消食，顺气止逆，升降阴阳。(《御药院方》)

橙香饼儿：宽中顺气，清利头目。主治脘腹胀痛，食欲不振，头目昏眩。(《饮膳正要》)

丁沉香丸：主治丈夫、妇人血气上攻心胸，及腹内一切不测恶气。(《传家秘宝》)

复老还童丸：补下元，乌须发。治下元亏虚，须发早白。(《普济方》)

葛花汤：上下分消酒湿。主治伤酒。(《济阳纲目》)

【中成药应用例证】

山矾叶：清热，消炎。用于肺热病，肾热病，传染性热病，扩散伤热病，腰肌劳损，口腔炎。

木犀

Osmanthus fragrans (Thunb.) Loureiro

木犀科（Oleaceae）木犀属常绿乔木或灌木。

叶革质，椭圆形、长椭圆形或椭圆状披针形，先端渐尖，基部渐狭呈楔形或宽楔形，全缘或通常上半部具细锯齿，无毛，两面具水泡状腺点。聚伞花序簇生于叶腋，或近于帚状，每腋内有花多朵；花梗细弱，花黄白色至橘红色，极芳香。果熟时紫黑色。花期9～10月，果期次年3～4月。

根据《国际栽培植物命名法则》（ICNCP），该种可以分为四季桂、银桂、金桂、丹桂四个品种群，现知有166个品种。

原产我国西南部。现大别山地区广泛栽培。

桂原名岩桂，亦名木犀，始见于《本草纲目》香木类“菌桂”条，曰：“今人所载岩桂，亦是菌桂之类而稍异，其叶不似柿叶，亦有锯齿如枇杷叶而粗涩者，有无锯齿如栀子叶而光洁者；丛生岩岭间，谓之岩桂，俗呼为木犀。其花有白者名银桂，黄者名金桂，红者名丹桂。有秋花者，春花者，四季花者，逐月花者。其皮薄而不辣，不堪入药，惟花可收茗，浸酒，盐渍及作香搽发泽之类耳。”

【入药部位及性味功效】

桂花，又称木犀花，为植物木犀的花。9～10月开花时采收，去杂质，阴干，密闭贮藏。

味辛，性温。归肺、脾、肾经。温肺化饮，散寒止痛。主治痰饮咳喘，脘腹冷痛，肠风血痢，经闭痛经，寒疝腹痛，牙痛，口臭。

桂花露，为植物木犀的花经蒸馏而得的液体。花采收后，阴干，经蒸馏而得的液体。味微辛、微苦，性温。疏肝理气，醒脾辟秽，明目，润喉。主治肝气郁结，胸胁不舒，龈肿，牙痛，咽干，口燥，口臭。

桂花子，又称桂花树子、四季桂子，为植物木犀的果实。4～5月摘取成熟果实，用温水浸泡后晒干。味甘、辛，性温。归肝、胃经。温中行气止痛。主治胃寒疼痛，肝胃气滞。

桂花枝，又称土桂枝，为植物木犀的枝叶。全年均可采，鲜用或晒干。味辛、微甘，性温。发表散寒，祛风止痒。主治风寒感冒，皮肤瘙痒，漆疮。

桂花根，又称桂树根、桂根、白桂花树根，为植物木犀的根或根皮。秋季采挖老树的根或剥取根皮，洗净，切片，晒干。味辛、甘，性温。祛风除湿，散寒止痛。主治风湿痹痛，肢体麻木，胃脘冷痛，肾虚牙痛。

【经方验方应用例证】

治口臭：桂花适量，煎水含漱。(《安徽中草药》)

槟连丸：主治翻胃，或朝食而暮出者，或下咽而吐者，或胃脘作痛者，或必得尽吐而爽者，或见食即吐者。(《丹溪治法心要》)

沉香降气散：理气降逆，温中和胃。主治三焦痞滞，气不宜畅，心腹疼痛，呕吐痰沫，胁肋膨胀，噫气吞酸；胃中虚冷，肠鸣绞痛，宿食不消，反胃吐食；及五膈五噎，心胸满闷，全不思食者。(《御药院方》)

豆蔻藿香汤：主治脾胃诸虚百损，气血劳伤，阳气久衰，下寒阴汗，中脘停痰，心腹痞闷，疼痛呕哕，减食困倦，泄泻肠滑，因病虚损，正气不复，妇人月信不匀，产后产前诸病，一切阴盛阳虚之证。

肥皂方：去垢，润肌，驻颜。主治粉刺，花斑，雀子斑，及面上黑靥、皮肤燥痒。(《鲁府禁方》)

桂花汤：主治一切冷气，心腹刺痛，胸膈痞闷，胁肋胀满，呕逆恶心，饮食无味。(《局方》)

【中成药应用例证】

苦豆子油搽剂：清热燥湿，杀虫止痒。用于湿热蕴肤所致的皮炎引起的皮肤瘙痒等症。

连翘

Forsythia suspensa (Thunb.) Vahl

木犀科（Oleaceae）连翘属落叶灌木。

枝开展或下垂，略呈四棱形，节间中空。叶通常为单叶，或3裂至三出复叶，先端锐尖，基部圆形、宽楔形至楔形，叶缘除基部外具锐锯齿或粗锯齿，两面无毛。花黄色，通常单生或2至数朵着生于叶腋先叶开放。果卵球形至长椭圆形。花期3～4月，果期7～9月。

英山、罗田等地有分布，生于海拔250～2200米的山坡灌丛、林下或草丛中，或山谷、山沟疏林中。常栽培。

连翘一名始载于《神农本草经》，列为下品。《尔雅》："连，异翘。"《本草纲目》云："本名连，又名异翘，人因合称为连翘矣。"《新修本草》谓其"作房，翘出众草"。《本草衍义》则认为："其子，折之，其间片片相比如翘，应以此得名尔。"《尔雅义疏》释兰华名云："连、兰声近，华、草通名耳。"依次，亦有兰华、连草诸名。旱莲子者，《本草图经》云"秋结实似莲"，故名。

【入药部位及性味功效】

连翘，又称旱连子、大翘子、空翘、空壳、落翘，为植物连翘的干燥果实。连翘定植3～4年后开花结实。秋季果实初熟尚带绿色时采收，置沸水中稍煮片刻或放蒸笼内蒸约0.5小时，取出晒干，习称"青翘"，果实熟透变黄、果壳裂开时采收，晒干，筛去种子及杂质，习称"老翘"。味苦，性微寒。归肺、心、胆经。清热解毒，消肿散结，疏散风热。主治风寒感冒，温病，热淋尿闭，痈疽，瘰疬，瘿瘤，喉痹。

连翘茎叶，为植物连翘的嫩茎叶。夏、秋季采集，鲜用或晒干。味苦，性寒。归心、肺经。清热解毒。主治心肺积热。

连翘根，又称连轺，为植物连翘的根。秋、冬季挖取根部，洗净，切段或片，晒干。味苦，性寒。归肺、胃经。清热，解毒，退黄。主治黄疸，发热。

【经方验方应用例证】

治耳病，忽然昏闭不闻：连翘一两，苍耳子二两。水煎浓汁徐徐服。(《玉憔医令》)

银翘散：辛凉透表，清热解毒。主治温病初起，症见发热无汗，或有汗不畅，微恶风寒，头痛口渴，咳嗽咽痛，舌尖红，苔薄白或薄黄，脉浮数。(《温病条辨》)

桑菊饮：疏风清热，宣肺止咳。主治风温初起，但咳，身热不甚，口微渴。(《温病条辨》)

宣毒发表汤：辛凉透表，清宣肺卫。主治麻疹透发不出，发热咳嗽，烦躁口渴，小便赤者。(《医宗金鉴》)

芎菊上清丸：清热解表，散风止痛。主治用于外感风邪引起的恶风身热，偏正头痛，鼻流清涕，牙疼喉痛。(《太平惠民和剂局方》)

解肌透痧汤：辛凉宣透，清热利咽。主治痧麻初起，恶寒发热，咽喉肿痛，妨于咽饮，遍体酸痛，烦闷呕恶。(《丁氏医案》)

普济消毒饮：清热解毒，疏风散邪。主治大头瘟，症见恶寒发热，头面红肿灼痛，目不能开，咽喉不利，舌燥口渴，舌红苔白兼黄，脉浮数有力。(《东垣试效方》)

【中成药应用例证】

三清胶囊：清热利湿，凉血止血。用于下焦湿热所致急、慢性肾盂肾炎，泌尿系感染引起的小便不利，恶寒发热，尿频、尿急，少腹疼痛等。

三黄清解片：清热解毒。用于风温热病，发热咳喘，口疮咽肿，热淋泻痢等症。

上清片：清热散风，解毒通便。用于头晕耳鸣，目赤，鼻窦炎，口舌生疮，牙龈肿痛，大便秘结。

复方双花口服液：清热解毒，利咽消肿。用于风热外感、风热乳蛾，症见发热，微恶风，头痛，鼻塞流涕，咽红而痛或咽喉干燥灼痛，吞咽则加剧，咽扁桃体红肿，舌边尖红苔薄黄或舌红苔黄，脉浮数或数。

复方金黄连糖浆：清热疏风，解毒利咽。用于风热感冒，症见发热，恶风，头痛，鼻塞，流浊涕，咳嗽，咽痛。

丹花口服液：祛风清热，除湿，散结。用于肺胃蕴热所致的粉刺（痤疮）。

女贞

Ligustrum lucidum Ait.

木犀科（Oleaceae）女贞属常绿灌木或乔木。

叶光滑，长卵形至椭圆形，叶缘平坦，上面光亮，两面无毛。圆锥花序顶生；花序基部苞片常与叶同型，小苞片披针形或线形；花无梗，花冠裂片反折，与花冠管近等长。果熟时红黑色，略弯曲，被白粉。花期5～7月，果期7月至次年5月。

大别山各山地林地常见分布。亦有栽培。

女贞子原名女贞实，始载于《神农本草经》，列为上品。《本草纲目》云："此木凌冬青翠，有贞守之操，故以贞女状之……今方书所用冬青，皆此女贞也。近时以放蜡虫，故俗呼为蜡树。"《山海经》加木旁作"桢木"；冻青乃冬青之音转。

【入药部位及性味功效】

女贞子，又称女贞实、冬青子、爆格蚤、白蜡树子、鼠梓子，为植物女贞的果实。女贞移栽4～5年开始结果，每年12月果实变黑而有白粉时打下，除去梗、叶及杂质，晒干或置沸水中略烫后晒干。味甘、苦，性凉。归肝、肾经。滋补肝肾，清虚热，明目。主治头晕目眩，腰膝酸软，遗精，耳鸣，须发早白，骨蒸潮热，目暗不明。

女贞叶，又称冬青叶、土金刚叶、爆竹叶，为植物女贞的叶。全年均可采，鲜用或晒干。味苦，性凉。清热明目，解毒散瘀，消肿止咳。主治头目昏痛，风热赤眼，口舌生疮，牙龈肿痛，疮肿溃烂，水火烫伤，肺热咳嗽。

女贞皮，为植物女贞的树皮。全年或秋、冬季剥取、除去杂质，切片，晒干。味微苦，性凉。强筋健骨。主治腰膝酸痛，两脚无力，水火烫伤。

女贞根，为植物女贞的根。全年或秋季采挖，洗净，切片，晒干。味苦，性平。归肺、肝经。行气活血，止咳喘，祛湿浊。主治哮喘，咳嗽，经闭，带下。

【经方验方应用例证】

治口腔炎：女贞子9克，金银花12克，煎服。(《安徽中草药》)

二至丸：滋补肝肾。主治肝肾阴虚，头昏眼花，腰膝酸软，失眠，多梦，遗精，口苦咽干，头发早白。(《医方集解》)

安神补心丸：养心安神。主治由思虑过度、神经衰弱引起的失眠健忘、头昏耳鸣、心悸。(《中药制剂手册》)

参燕百补丸：益髓添精，壮水制火，补气养血，宁心滋肾。主治病后或戒烟后身体羸弱，诸虚百损，劳伤咳嗽，腰膝酸软，心悸不寐，头晕耳鸣，阳痿带下。(《中国医学大辞典》)

加味二黄散：养血滋阴。主治妊娠血虚，胎漏下血，量少色淡，头晕目眩，手心热，心烦，腹微痛，舌质红，苔薄黄，脉虚数而滑。(《中医妇科治疗学》)

【中成药应用例证】

复方金蒲片：活血祛瘀，行气止痛。用于气滞血瘀证之肝癌的辅助治疗。

复方钩藤片：滋补肝肾，平肝潜阳。用于肝肾不足，肝阳上亢，眩晕头痛，失眠耳鸣，腰膝酸软。

乌鸡养血糖浆：益气养血，健脾补肾，调经止带。用于脾肾两虚，月经量少，月经后期，带下病。

乙肝养阴活血冲剂：滋补肝肾，活血化瘀。用于肝肾阴虚型慢性肝炎，症见面色晦暗，头晕耳鸣，五心烦热，腰腿酸软，齿鼻衄血，胁下痞块，赤缕红斑，舌质红，少苔，脉沉弦，细涩等。

博尔宁胶囊：扶正祛邪，益气活血，软坚散结，消肿止痛。本品为癌症辅助治疗药物，可配合化疗使用，有一定减毒、增效作用。

六味五灵片：滋肾养肝，活血解毒。用于治疗慢性乙型肝炎氨基转移酶升高，中医辨证属于肝肾不足，邪毒瘀热互结，症见胁肋疼痛、腰膝酸软、口干咽燥、倦怠乏力、纳差、脘胀、身目发黄或不黄、小便色黄、头昏目眩、两目干涩、手足心热、失眠多梦、舌暗红或有瘀斑，苔少或无苔，脉弦细。

小叶女贞

Ligustrum quihoui Carr.

木犀科（Oleaceae）女贞属落叶灌木。

叶片革质，形状和大小变异较大，长1～5.5厘米，宽0.5～3厘米。圆锥花序顶生，近圆柱形，花序紧缩，长为宽的2～5倍；花无梗；花冠筒与花冠裂片等长；花药超出花冠裂片。果黑紫色，成熟时不开裂。花期5～7月，果期8～11月。

大别山各县市常有栽培。

主要作绿篱栽植；其枝叶紧密、圆整，庭院中常栽植观赏；抗多种有毒气体，是优良的抗污染树种。其它参见女贞。

【入药部位及性味功效】

水白蜡，又称崂山茶、对节子茶，为植物小叶女贞的叶，全年或夏、秋季采收，鲜用或晒干。味苦，性凉。清热祛暑，解毒消肿。主治伤暑发热，风火牙痛，咽喉肿痛，口舌生疮，痈肿疮毒，水火烫伤。

小白蜡条，又称小蜡树、白蜡条，为植物小叶女贞以根皮、叶及果。全年采根皮，夏、秋季采叶，秋冬采果，晒干或鲜用。味苦，性凉。清热解毒。主治小儿口腔炎，烧烫伤，黄水疮。用量9～18克，外用适量，研粉，香油调敷或鲜品捣汁涂患处。

【经方验方应用例证】

治中暑发热：崂山茶9克，水冲代茶饮。(《青岛中草药手册》)

治咽喉炎：崂山茶15克，大青叶、金银花各30克，水煎服。(《青岛中草药手册》)

治小儿口腔炎：小白腊条叶9～18克，煎服，同时用鲜叶取汁搽患处。(《云南中草药》)

治痈肿疮毒：水白蜡鲜叶捣烂外敷。(陕西省镇坪县《草药汇集》)

治火烫伤：水白蜡叶适量，或加迎春花叶各等量，研末，香油调敷患处。(《陕西中草药》)

治黄水疮：小叶女贞叶研末，敷患处。(《云南中草药》)

醉鱼草

Buddleja lindleyana Fort.

马钱科（Loganiaceae）醉鱼草属落叶灌木。

小枝具四棱，棱上略有窄翅。幼枝、叶片下面、叶柄、花序、苞片及小苞片均密被星状短茸毛和腺毛。叶对生，萌芽枝叶互生或近轮生，叶片膜质，卵形、椭圆形至长圆状披针形。穗状花序顶生，花紫色，芳香；花冠管弯曲。蒴果具鳞片。花期4～10月，果期8月至次年4月。

大别山各县市均有分布，生山地路旁、河沟边灌丛或林缘。

以醉鱼儿草之名始载于《履巉岩本草》。《本草纲目》云："渔人采花及叶以毒鱼，尽圉圉而死，呼为醉鱼儿草。"并谓其"花色状气味并如芫花，毒鱼亦同，但花开不同时为异尔"。闹鱼花、毒鱼藤，诸名取义相同。花冠有白色闪光的鳞片，故有鱼鳞子等名。穗状花序顶生若尾，而有驴尾草、羊尾巴等诸"尾"之称。其小枝具四棱，故称四方麻、四棱麻。

【入药部位及性味功效】

醉鱼草，又称鱼尾草、醉鱼儿草、樚木、闹鱼花、痒见消、四方麻、阳包树、鱼鳞子、药杆子、驴尾草、羊尾巴、防痛树、鸡公尾、毒鱼藤、鲤鱼花草、药鳗老醋、野巴豆、老阳花、萝卜树子、药鱼子、土蒙花、花玉成、四棱麻、羊饱药、羊白婆、金鸡尾、洞庭草、白皮消、铁帚尾、红鱼波、红鱼皂、铁线尾、四季青、白袍花、糖茶、水泡木、雉尾花、楼梅草、鱼泡草、鱼藤草、洋波、鱼背子花、一串花、狗头鹰、鱼白子花、野刚子、鱼尾子、鱼花草、毒鱼草，为植物醉鱼草的茎叶。夏、秋季采收，切碎，晒干或鲜用。味辛、苦，性温，有毒。祛风解毒，驱虫，化骨鲠。主治痄腮，痈肿，瘰病，蛔虫病，钩虫病，诸鱼骨鲠。

醉鱼草花，为植物醉鱼草的花。4～7月采收，除去杂质，晒干。味辛、苦，性温，小毒。归肺、脾、胃经。祛痰，截疟，解毒。主治痰饮喘促，疟疾，疳积，烫伤。

醉鱼草根，又称七里香、满山香，为植物醉鱼草的根。8～9月采挖，洗净，切片，晒干。味辛、苦，性温，小毒。活血化瘀，消积解毒。主治经闭，癥瘕，血崩，小儿疳积，哮喘，肺脓疡。

【经方验方应用例证】

治瘰疬：醉鱼草全草30克，水煎服。(《湖南药物志》)

治小儿疳积：醉鱼草根、爵床各6克，黄麻叶3克，炖瘦猪肉吃。(《常用中草药配方》)

治疳积：醉鱼草花9～15克，水煎服。(《湖南药物志》)

治阴疽：醉鱼草鲜叶，酒或醋捣烂，敷患处。(《福建中草药》)

治鱼骨鲠：醉鱼儿草少许捣汁，冷水浸，灌漱时复咽下些子，自然骨化为水。(《履巉岩本草》)

治哮喘：醉鱼草根30克，大青叶15克，水煎服，每日1剂(南药《中草药学》)

【现代临床应用】

醉鱼草用于治疗支气管哮喘。

络石

Trachelospermum jasminoides (Lindl.) Lem.

夹竹桃科（Apocynaceae）络石属常绿木质藤本。

具乳汁；茎和枝条攀援树上或石上，但不生气根。叶革质，椭圆形至宽卵形，绿色。二歧聚散花序顶生或腋生，花多朵组成圆锥状；花白色，芳香；花萼裂片顶部反卷；花蕾顶端钝，花冠筒圆筒形，中部膨大。蓇葖双生，叉开，无毛。花期3～7月，果期7～12月。

大别山各县市均有分布，生于山野、溪边、路边、林缘等地，常缠绕于树上或攀援于墙壁上、岩石上，亦有移栽于园圃，供观赏。

络石藤始载于《神农本草经》，列为上品。《新修本草》："以其包络石木而生，故名络石。"善治产后血结，而名石血。因冬夏长青而称耐冬。喜攀援爬高，故有爬山虎、骑墙虎诸名。云珠、云丹，并言其高。石鲮、领石，并当为陵石，亦以高为名。略石者，当为络石方言之讹。

【入药部位及性味功效】

络石藤，又称石鲮、明石、悬石、云珠、云丹、石磋、略石、领石、石龙藤、耐冬、石血、白花藤、红对叶肾、对叶藤、石南藤、过墙风、爬山虎、石邦藤、骑墙虎、风藤、折骨草、交脚风、铁线草、藤络、见水生、苦连藤、软筋藤、万字金银、石气柑，为植物络石的带叶藤茎。栽种3～4年后秋末剪取藤茎，截成25～30厘米长，扎成小把，晒干。味苦、辛，性微寒。归心、肝、肾经。通络止痛，凉血清热，解毒消肿。主治风湿热痹，筋脉拘挛，腰膝酸痛，咽喉肿痛，疔疮肿毒，跌扑损伤，外伤出血。

【经方验方应用例证】

治坐骨神经痛：络石藤60～90克，水煎服。(《广西本草选编》)

治咳嗽喘息：络石藤茎、叶15克，水煎服。(《湖南药物志》)

阿胶鸡子黄汤：养血滋阴，柔肝熄风。主治邪热久留，灼伤真阴，筋脉拘急，手足蠕动，或头目晕眩，舌绛苔少，脉细而数等。(《通俗伤寒论》)

搏金散：主治脱精自泄，便浊。皆缘心肾水火不济，或因酒色，遂至以甚，谓之土淫。(《普济方》)

川升麻散：主治咽喉闭塞不通，疼痛，不能饮食。(《太平圣惠方》)

络石汤：咽喉中如有物噎塞。(《圣济总录》)

三滕酒：此酒有祛湿、通络、舒筋的功效，主治风湿性关节炎及关节疼痛。(《民间验方》)

【中成药应用例证】

仙桂胶囊：益气养阴，温经通脉。用于气阴两虚所致的眩晕，症见头晕目眩，心悸健忘，神疲乏力，口干；原发性低血压病见上述证候者亦可应用。

中风回春胶囊：活血化瘀，舒筋通络。用于中风偏瘫，半身不遂，肢体麻木。

舒筋活血胶囊：舒筋活络，活血散瘀。用于筋骨疼痛，肢体拘挛，腰背酸痛，跌打损伤。

骨泰酊：温经散寒，祛瘀止痛。用于风寒湿痹痛。

麝香正骨酊：祛风止痛，舒筋活血。用于跌打损伤，伤筋骨折，风湿痹痛，骨刺。

牛皮消

Cynanchum auriculatum Royle ex Wight

夹竹桃科（Apocynaceae）鹅绒藤属蔓性半灌木。

根肥厚块状。叶对生，宽卵形，顶端渐尖，基部心形，两侧圆形。聚伞花序伞房状，着花30朵；花萼裂片卵状长圆形；花冠白色，辐状，裂片反折；副花冠浅杯状，每裂片内中部有1三角舌状鳞片。蓇葖果双生，披针形。花期6～8月，果期8～12月。

大别山各县市均有分布，生于山坡林缘及路旁灌木丛中或河流、水沟边潮湿地。

《何首乌录》和《开宝本草》称何首乌“有赤、白二种”，赤者指蓼科何首乌，白者可能即指白首乌。江苏滨海县对其栽培已有100余年，江苏部分地区以其根作何首乌用，并以根磨粉制成“何首乌粉”出售，现已改称“白首乌粉”作为营养品销售。

山东泰山地区以戟叶牛皮消为“白首乌”或称“泰山何首乌”，誉为泰山四大名产药材之一。

【入药部位及性味功效】

白首乌，又称隔山消、白何乌、白何首乌、隔山撬、白木香、野番薯、一肿三消、和平参、山花旗、张果老，为植物牛皮消、戟叶牛皮消的块根。早春幼苗未萌发前，或11月采收，以早春采收最好，除去残茎和须根，晒干或趁鲜切片晒干。味苦，性平。归肝、肾、脾、胃经。补肝肾，强筋骨，益精血，健脾消食，解毒疗疮。主治腰膝酸软，阳痿遗精，头晕耳鸣，心悸失眠，食欲不振，小儿疳积，产后乳汁稀少，疮痈肿痛，毒蛇咬伤。

【经方验方应用例证】

治神经衰弱，阳痿，遗精：白首乌15克，酸枣仁9克，太子参9克，枸杞子12克，水煎服。(《山西中草药》)

治阳痿：隔山撬、淫羊藿、山药、党参各9～12克，水煎服。(《陕甘宁青中草药选》)

治乳汁不足：牛皮消根（去皮）30克，母鸡1只（去内脏）。将药放入鸡腹内，炖熟去渣，汤肉同服。不放盐。(《湖北中草药志》)

治脚气水肿：白首乌、车前子各6克，水煎去渣，每日分2次服。(《食物中药与便方》)

治无名肿毒：鲜牛皮消适量，捣烂，兑酒或醋少许，敷患处。(《湖北中草药志》)

乌须酒：补肾养肝，益精血。主治因肝肾精血不足而导致的腰膝酸软，体乏无力，精神萎靡，食欲不振，面色憔悴，须发早白，大便秘结等症。(《寿世保元》)

【中成药应用例证】

清肝败毒丸：清热利湿解毒。用于急、慢性肝炎属肝胆湿热证者。

老鸦糊

Callicarpa giraldii Hesse ex Rehd.

马鞭草科（Verbenaceae）紫珠属灌木。

小枝圆柱形，灰黄色，被星状毛。叶片表面黄绿色，稍有微毛，背面淡绿色，疏被星状毛和细小黄色腺点。聚伞花序宽2～3厘米；花萼钟状，疏被星状毛，老后常脱落，具黄色腺点；萼齿钝三角形；花紫色。果径2.5～4毫米。花期5～6月，果期7～11月。

英山、罗田等地有分布，生于疏林和灌丛中。

紫珠始载于《本草拾遗》，乃由果实之形色得名，“至秋子熟正紫，圆如小珠”，又云“树似黄荆”，故名紫荆。雅目草、螃蟹目等，皆因其果实如目珠而得名。“雅”，为“鸦”之异体。枝叶被黄褐色星毛，如糠状，故称粗糠仔。功能止血，故名止血草。

《本草拾遗》所载紫珠与杜虹花相符，《植物名实图考》所载细亚锡饭与白棠子树相似，所载鸦鹊翻与华紫珠一致。

【入药部位及性味功效】

紫珠，又称紫荆、紫珠草，为植物老鸦糊、杜虹花、华紫珠或白棠子树的叶。7～8月采收，晒干。味苦、涩，性凉。归肺、胃经。止血收敛，清热解毒。主治衄血，咳血，牙龈出血，尿血，皮肤紫癜，外伤出血，痈疽肿毒，毒蛇咬伤，烧伤。

【经方验方应用例证】

治肺结核咯血，胃及十二指肠溃疡出血：紫珠叶、白及各等量，研末。每服6克，每日3次。（《全国中草药汇编》）

治扁桃体炎，肺炎，支气管炎：紫珠叶、紫金牛各15克，秦皮9克，水煎服，每日1剂。(《全国中草药汇编》)

治关节炎：老鸦糊根二两，猪蹄半斤，黄酒二两。酌加水煎服。(《福建民间草药》)

治跌打损伤：鲜老鸦糊叶捣烂后敷伤部。(《福建民间草药》)

治外伤出血：老鸦糊叶、果实，晒干研粉外敷，或鲜叶捣烂外敷伤处。(《浙江民间常用草药》)

治冻疮：老鸦糊叶一握。煎汤熏洗，不断擦患处，日洗一两次。(《福建民间草药》)

【中成药应用例证】

双金胃疡胶囊：疏肝理气，健胃止痛，收敛止血。用于肝胃气滞血瘀所致的胃脘刺痛，呕吐吞酸，脘腹胀痛；胃及十二指肠溃疡见上述证候者亦可应用。

妇炎灵胶囊：清热燥湿，杀虫止痒。用于湿热下注引起的阴部瘙痒、灼痛、赤白带下、或兼见尿频、尿急、尿痛等症；霉菌性、滴虫性、细菌性阴道炎见上述证候者亦可应用。

百仙妇炎清栓：清热解毒，杀虫止痒，去瘀收敛。用于霉菌性、细菌性、滴虫性阴道炎和宫颈糜烂。

止血宁胶囊：止血，消肿，化瘀。用于功能性子宫出血、崩中下血、衄血、咳血、吐血等出血症。

烧烫宁喷雾剂：清热解毒，活血化瘀，收敛生肌。用于Ⅰ度或Ⅱ度烧烫伤。

【现代临床应用】

紫珠用于治疗上消化道出血、手术出血、功能性子宫出血；治疗痔疮；治疗烧伤；治疗妇科炎症。

白棠子树

Callicarpa dichotoma (Lour.) K. Koch

马鞭草科（Verbenaceae）紫珠属灌木。

小枝纤细，幼嫩部分有星状毛。叶长2～6厘米，宽1～3厘米，仅上半部具数个粗锯齿，表面稍粗糙，背面无毛；叶柄长不超过5毫米。聚伞花序在叶腋的上方着生，细弱，宽1～2.5厘米；花萼杯状，无毛；花冠紫色，无毛。花期5～6月，果期7～11月。

英山、罗田等地有分布，生于海拔600米以下的低山丘陵灌丛中。

重要的观果树种，根可治关节酸痛，外伤肿痛；叶可用作止血药，可提取芳香油；全株供药用，治感冒、跌打损伤、气血瘀滞、妇女闭经、外伤肿痛。其它参见老鸦糊。

【入药部位及性味功效】

参见老鸦糊。

【经方验方应用例证】

参见老鸦糊。

【中成药应用例证】

参见老鸦糊。

【现代临床应用】

参见老鸦糊。

华紫珠

Callicarpa cathayana H. T. Chang

马鞭草科（Verbenaceae）紫珠属灌木。

小枝纤细，幼嫩稍有星状毛，老后脱落。叶片椭圆形或卵形，两面近于无毛，有红色腺点，密生细锯齿。聚伞花序细弱，宽约1.5厘米，3～4次分歧；花萼杯状，具星状毛和红色腺点；花冠紫色，有红色腺点。果实球形，紫色。花期5～7月，果期8～11月。

英山、罗田、麻城等地有分布，多生于海拔1200米以下的山坡、谷地的丛林中。

紫珠始载于《本草拾遗》，乃由果实之形色得名，“至秋子熟正紫，圆如小珠”，又云“树似黄荆”，故名紫荆。《植物名实图考》所载鸦鹊翻与华紫珠一致。中国江苏、浙江用叶治各种内外出血，并治疖痈、走马牙疳。中国广西用根叶祛风利湿，散瘀止血。其它参见老鸦糊。

【入药部位及性味功效】

参见老鸦糊。

【经方验方应用例证】

参见老鸦糊。

【中成药应用例证】

参见老鸦糊。

【现代临床应用】

参见老鸦糊。

大青

Clerodendrum cyrtophyllum Turcz.

马鞭草科（Verbenaceae）大青属灌木或小乔木。

幼枝被短柔毛，枝黄褐色，髓坚实。叶片纸质，椭圆形、卵状椭圆形、长圆形或长圆状披针形，通常全缘，背面常有腺点。伞房状聚伞花序，生于枝顶或叶腋；苞片线形；花小，有橘香味，白色。果实成熟时蓝紫色，宿存花萼红色。花果期6月至次年2月。

大别山各县市均有分布，生于海拔1700米以下的平原、丘陵、山地林下或溪谷旁。

大青始载于《名医别录》,《新修本草》《本草图经》等古代本草均有记载。叶片较大,《本草纲目》云："其茎叶皆深青。"故名大青。诸"青"之名义同此。又因其植株有异臭味，故以诸"屎"或"臭"名之。

【入药部位及性味功效】

大青，又称大青叶、臭大青，为植物大青的茎、叶。夏、秋季采收，洗净，鲜用或切段晒干。味苦，性寒。归胃、心经。清热解毒，凉血止血。主治外感热病，热盛烦渴，咽喉肿痛，口疮，黄疸，热毒痢，急性肠炎，痈疽肿毒，衄血，血淋，外伤出血。

大青根，又称淡婆婆、山漆、地骨皮、假青根、臭根、野地骨、土地骨皮、路边青、羊咪青、大叶地骨皮、臭婆根、土骨皮，为植物大青的根。夏、秋季采挖，除去茎、须根及泥沙，切片晒干。味苦，性寒。归胃、心经。清热解毒，凉血止血。主治流感，感冒高热，麻疹肺炎，血热发斑，热泻热痢，风湿热痹，头痛，黄疸，咽喉肿痛，风火牙痛，睾丸炎，流行性乙型脑炎，流行性脑脊髓膜炎。

【经方验方应用例证】

治流行性乙型脑炎、流行性脑脊髓膜炎、感冒发热，腮腺炎：大青根60克，水煎服，每日2剂。(《江西草药》)

治高热头痛：大青根15～30克，生石膏45～60克，水煎服。(《中医药研究汇编》)

马齿苋合剂：清热解毒。(《中医外科学》)

青叶紫草汤：清热解毒，凉血止血。(《中西医结合临床外科手册》)

白鲜皮散：治热病，狂言不止。(《太平圣惠方》)

薄荷牛蒡汤：主治荨麻疹。(《中医皮肤病学简编》)

避瘟明目清上散：芳香避瘟，清热解毒。主治风热上壅，目赤肿痛，畏光羞明。(《慈禧光绪医方选义》)

赤茯苓散：膀胱实热，腹胀，小便不通，口舌干燥，咽肿不利。(《圣惠》)

【中成药应用例证】

双清口服液：清透表邪，清热解毒。适用于风温肺热、卫气同病，症见发热兼微恶风寒，口渴，咳嗽，痰黄，头痛，舌红苔黄或兼白，脉滑数或浮数；急性支气管炎见上述证候者亦可应用。

复方银花解毒颗粒：疏风解表，清热解毒。用于普通感冒、流行性感冒属风热证，症见发热，微恶风，头痛，鼻塞流涕，咳嗽，咽痛，全身酸痛，苔薄白或微黄，脉浮数。

九味双解口服液：解表清热，泻火解毒。用于外感风热表邪所致的风热感冒，表里俱热，症见发热或恶心，头痛，鼻塞，咳嗽，流涕，咽痛或伴红肿，口渴或伴溲赤，便干。

复方大青叶注射液：清瘟解毒。用于流行性乙型脑炎，急、慢性肝炎，流行性感冒，腮腺炎。

五粒回春丸：解肌透表，清热化痰。用于感冒发烧，鼻流清涕，隐疹不出，发烧咳嗽。

凉解感冒合剂：辛凉解表，疏风清热。用于风热感冒所致的发热，恶风，头痛，鼻塞流涕，咳嗽，咽喉肿痛。

海州常山

Clerodendrum trichotomum Thunb.

马鞭草科（Verbenaceae）大青属灌木或小乔木。

叶片纸质，卵形、卵状椭圆形或三角状卵形，顶端渐尖，基部宽楔形至截形，全缘或有时边缘具波状齿。伞房状聚伞花序顶生或腋生，疏散，末次分枝着花3朵；花萼蕾时绿白色，后紫红色；花香，花冠白色或带粉红色。核果近球形，成熟时外果皮蓝紫色。花果期6～11月。

大别山各县市均有分布，生于山坡灌丛中。

海州常山之名始载于《本草图经》，"海州出者，叶似楸叶，八月有花，红白色，子碧色，似山楝子而小"。产海州，曾作常山入药，故称海州常山。味恶，花又略似梧桐，而植株较梧桐低小，故名臭梧桐、地梧桐、矮桐子。

【入药部位及性味功效】

臭梧桐，又称臭桐、臭芙蓉、地梧桐、八角梧桐、楸叶常山、矮桐子、楸茶叶、百日红、臭牡丹、臭桐柴，为植物海州常山的嫩枝及叶。夏、秋季结果前采摘，捆扎成束，晒干。味苦、甘，性平。归胃、大肠经。祛风除湿，平肝降压，解毒杀虫。主治风湿痹痛，半身不遂，高血压，偏头痛，疟疾，痢疾。外用治疗痈疽疮疥，湿疹疥癣。

臭梧桐花，又称龙船花、后庭花，为植物海州常山的花，6～7月采收，晾干。味苦、辛，性平。祛风湿，降压，止痢。主治风气头痛，高血压，痢疾，疝气。

臭梧桐子，又称凤眼子、矮桐子、岩桐子，为植物海州常山的果实或带宿萼的果实。9～10月果实成熟时采收，晒干或鲜用。味苦、微辛，性平。归肺、肝经。祛风，止痛，平喘。主治风湿痹痛，牙痛，气喘。

臭梧桐根，为植物海州常山的根。秋季采根，除去杂质，切片晒干或鲜用。味苦、辛，性温。祛风止痛，行气消食。主治头风痛，风湿痹痛，食积气滞，脘腹胀满，小儿疳积，跌打损伤，乳痈肿毒，高血压。

【经方验方应用例证】

治高血压：臭梧桐叶、荠菜各15克，夏枯草9克。水煎服。(《湖南药物志》)

治高血压：臭梧桐花9克，开水泡当茶饮。或臭梧桐根皮、枸杞根、桑椹各30克，煎服。(《安徽中草药》)

治湿疹或痱子发痒：臭梧桐适量，煎汤洗浴。(《上海常用中草药》)

臭梧桐洗剂：主治慢性湿疹。(《中医皮肤病学简编》)

骨痳灵：通络活血，去瘀生新。主治骨结核，关节结核，慢性骨髓炎。(《古今名方》)

降压片：降压。主治高血压。(《山东省药品标准》)

豨桐丸：祛风胜湿，舒筋活络。治感受风湿，两足酸软，步履艰难，状似风瘫。现用于风湿性关节炎及慢性腰腿痛。(《济世养生集》)

【中成药应用例证】

风湿豨桐片：祛风通络。用于风湿性关节炎或半身不遂，原发性高血压。

降压片：降压。用于高血压。

【现代临床应用】

臭梧桐用于治疗高血压病，疗程越长，疗效越佳；治疗疟疾，药物反应较少。

豆腐柴

Premna microphylla Turcz.

马鞭草科（Verbenaceae）豆腐柴属直立灌木。

叶揉之有臭味，卵状披针形、椭圆形、卵形或倒卵形，基部渐狭窄下延至叶柄两侧，全缘至有不规则粗齿。聚伞花序组成顶生塔形的圆锥花序；花萼杯状，绿色，近整齐的5浅裂；花冠淡黄色。核果紫色。花果期5～10月。

英山、罗田等县市有分布，生山坡林下或林缘。

腐婢载于《神农本草经》，列为下品。《本草经集注》:“气作腐臭，土人呼为腐婢。”以其功能治虐如常山，民间又称土常山、臭常山。其叶揉汁可做凉豆腐，故有“豆腐”“凉粉”等名。

【入药部位及性味功效】

腐婢，又称土常山、臭娘子、臭常山、凉粉叶、铁箍散、六月冻、臭黄荆、观音柴、虱麻柴、臭茶、小青树、糯米糊、捏担糊、墨子稔、豆腐木，为植物豆腐柴的茎、叶。春、夏、秋季均可采收，鲜用或晒干。味苦、微辛，性寒。归肝、大肠经。清热解毒。主治疟疾，泄泻，痢疾，醉酒头痛，痈肿，疔疮，丹毒，蛇虫咬伤，创伤出血。

腐婢根，又称小青根、土黄芪，为植物豆腐柴的根。全年均可采，鲜用或切片晒干。味苦，性寒。归脾经。清热解毒。主治疟疾，小儿夏季热，风湿痹痛，风火牙痛，跌打损伤，水火烫伤。

【经方验方应用例证】

治小儿夏季热：鲜腐婢根30～60克，煎服。（《安徽中草药》）

治风湿性关节炎：鲜腐婢根250克，乌鱼500克，加水炖至肉烂，食鱼喝汤。（《安徽中草药》）

治痈：鲜腐婢叶加红糖捣烂外敷。（《福建中草药》）

治无名肿毒：鲜腐婢叶捣烂，外敷。初起未化脓者，连敷2～3天可消散。（《江西民间草药验方》）

治醉酒不醒：腐婢叶9克，葛花6克，水煎服。（《食物中药与便方》）

治蜂蜇伤：鲜腐婢叶擦患处。（《福建中草药》）

黄荆

Vitex negundo L.

马鞭草科（Verbenaceae）牡荆属落叶灌木或小乔木。

小枝四棱形，密生灰白色茸毛。掌状复叶，小叶5，少有3；小叶全缘或每边有少数粗锯齿，背面密生灰白色茸毛。聚伞花序排成圆锥花序式，顶生，花萼钟状，顶端有5裂齿，外有灰白色茸毛；花冠淡紫色，外有微柔毛，顶端5裂，二唇形。核果近球形。花期4～6月，果期7～10月。

大别山各县市均有分布，生于山坡路旁或灌木丛中。

《本草纲目拾遗》引《玉环志》云："叶似枫而有杈，结黑子如胡椒而尖。"

【入药部位及性味功效】

黄荆子，又称布荆子、黄金子，为植物黄荆的果实。8～10月采收，晾晒干燥。味辛、苦，性温。归肺、胃、肝经。祛风解表，止咳平喘，理气止痛，消食。用于伤风感冒，咳喘，胃痛吞酸，消化不良，食积泻痢，胆囊炎，胆结石，疝气。

黄荆叶，又称蚊枝叶、白背叶、姜荆叶、埔姜叶、姜子叶，为植物黄荆的叶。夏末开花时采叶，鲜用或堆叠踏实，使其发汗，倒出晒至半干，再堆叠踏实，等绿色变黑润，再晒至足干。味辛、苦，性凉。归肺、肝、小肠经。解表散热，化湿和中，杀虫止痒。主治感冒发热，伤暑泄泻，痧气腹痛，肠炎，痢疾，疟疾，湿疹，癣，疥，蛇虫咬伤。

黄荆枝，又称黄金条，为植物黄荆的枝条。春、夏、秋季均可采收，切段晒干。味辛、微苦，性平。归心、肺、肝经。祛风解表，消肿止痛。主治感冒发热，咳嗽，喉痹肿痛，风湿骨痛，牙痛，烫伤。

黄荆沥，为植物黄荆的茎用火烧灼而流出的液汁。味甘、微苦，性凉。清热，化痰，定惊。主治肺热咳嗽，痰粘难咯，小儿惊风，痰壅气逆，惊厥抽搐。

黄荆根，为植物黄荆的根。2月或8月采根，洗净鲜用，或切片晒干。味辛、微苦，性温。归心经。解表，止咳，祛风除湿，理气止痛。主治感冒，慢性气管炎，风湿痹痛，胃痛，痧气，腹痛。

【经方验方应用例证】

治脚趾湿痒：鲜黄荆叶适量，捣汁涂搽或煎水洗。(《安徽中草药》)

治中暑呕吐、腹痛、腹泻：黄荆叶、红辣蓼，生半夏各60克。烘干研末，炼蜜为丸，黄豆大。每日服2次，每次6克。(《农村常用草药手册》)

治关节炎：黄金条15克，水煎，每日1剂分2次服。(徐州《单方验方新医疗法选编》)

治胃溃疡，慢性胃炎：黄荆根30克，红糖适量，煎服。(南京《常用中草药》)

治子宫颈癌：黄荆根皮6克，瘦猪肉120克，加水炖服。(《陕甘宁青中草药选》)

断下丸：燥中宫之湿。主治湿热白崩。(《妇科不谢方》)

芙蓉膏：主治痈疽发背诸毒。痈疽发背，肿痛如锥刺，不可忍者。(《回春》)

黄荆散：主治伤寒发热而咳逆者。(《古今医鉴》)

苦参大丸：治大风癞疾，肌肉疡溃，鼻柱蚀烂。(《杨氏家藏方》)

【中成药应用例证】

三余神曲：疏风解表，调胃理气。用于感受风寒，伤食吐泻，胸腹饱闷，舟车晕吐。

复方紫荆消伤巴布膏：活血化瘀，消肿止痛，舒筋活络。用于气滞血瘀之急慢性软组织损伤。

消炎止咳胶囊：消炎，镇咳，化痰，定喘。用于咳嗽痰多，胸满气逆，气管炎。

顺气化痰颗粒：止咳平喘，顺气化痰。用于上呼吸道感染、急慢性气管炎咳嗽多痰、胸闷气急。

【现代临床应用】

黄荆子用于治疗慢性气管炎，对咳痰喘均有疗效，以祛痰效果较好；治疗急性细菌性痢疾，症状消失快、疗程短。

枸杞

Lycium chinense Miller

茄科（Solanaceae）枸杞属落叶灌木。

枝条细弱，弓状弯曲或俯垂，有纵条纹和棘刺，小枝顶端锐尖成棘刺状。叶常为卵形、卵状菱形、长椭圆形或卵状披针形。花在长枝上单生或双生于叶腋；花萼常3裂或有时不规则4～5齿裂；花冠淡紫色，漏斗状，筒部短于或近等于檐部裂片。浆果红色，卵状。花果期6～11月。

大别山各县市均有分布，生于海拔300～1200米处山坡、荒地、丘陵地、盐碱地、路旁及村边宅旁。

地骨皮之名见于《外台》。《神农本草经》原作地骨，列为上品。《本草纲目》："枸、杞二树名，此物棘如枸之刺，茎如杞之条，故兼名之。道书言千载枸杞，其形如犬，故得枸名，未审然否？"今按，枸杞二字，古来书写多形。从音、形二者求之，枸应作勾，杞应言棘，皆因其物多刺得名。地骨，亦称地筋，皆以地下之根形为名。地辅，辅即颊骨，与地骨同义。

枸杞入药始载于《神农本草经》，列为上品。古代所用枸杞以甘肃、陕西产者质量最好，其描述与宁夏枸杞完全一致。

果实作枸杞入药的尚有枸杞［*Lycium chinense* Miller（地骨皮）］，毛蕊枸杞［*Lycium dasystemum* Pojark（古城子）］，北方枸杞［*Lycium chinense* Miller var. potaninii（Pojark）A. M. Lu］。

【入药部位及性味功效】

地骨皮，又称杞根、地骨、地辅、地节、枸杞根、苟起根、枸杞根皮、山杞子根、甜齿牙根、红耳堕根、山枸杞根、狗奶子根皮、红榴根皮、狗地芽皮，为植物枸杞的根皮。春初或秋后采挖根部，洗净，剥取根皮，晒干。或将鲜根切成6～10厘米长的小段，再纵剖至木质部，置蒸笼中略加热，待皮易剥离时，取出剥下皮部，晒干。味甘，性寒。归肺、肾、肝经。

清虚热，泻肺火，凉血。主治阴虚劳热，骨蒸盗汗，肺热咳嗽，小儿疳积发热，咯血，衄血，尿血，内热消渴。

枸杞子，又称苟起子、枸杞红实、甜菜子、西枸杞、狗奶子、红青椒、枸蹄子、枸杞果、地骨子、枸茄茄、红耳坠、血枸子、枸地芽子、枸杞豆、血杞子、津枸杞，为植物枸杞、宁夏枸杞、毛蕊枸杞、北方枸杞的果实。6～11月果实陆续红熟，分批采收，迅速将鲜果摊在芦席上，后不超过3厘米，一般以1.5厘米为宜，放阴凉处晾至皮皱，然后暴晒至果皮起硬，果肉柔软时去果柄，再晒干，晒干时切忌翻动，以免影响质量。遇多雨时宜用烘干法，先用45～50℃烘至七八成干后，再用55～60℃烘至全干。味甘，性平。归肝、肾经。滋补肝肾，益精明目，润肺。主治肝肾亏虚，头晕目眩，目视不清，腰膝酸软，阳痿遗精，虚劳咳嗽，消渴引饮。

枸杞叶，又称地仙苗、甜菜、枸杞尖、天精草、枸杞苗、枸杞菜、枸杞头，为植物枸杞、宁夏枸杞的嫩茎叶。春、夏季采收，风干，多鲜用。味甘、苦，性凉。补虚益精，清热明目。主治虚劳发热，烦渴，目赤昏痛，障翳夜盲，热毒疮肿。

枸杞根，为植物枸杞的根。冬季采挖、洗净、晒干。味甘、淡，性寒。祛风、清热。用于高血压。

【经方验方应用例证】

治年少妇人白带：枸杞尖作菜，同鸡蛋炒食。(《滇南本草》)

治耳聋，有脓水不止：地骨皮半两，五倍子一分，上二味，捣为细末。每用少许，渗入耳中。(《圣济总录》)

治鸡眼：地骨皮、红花同研细，于鸡眼痛处敷之，或成脓亦敷，次日结痂好。(《仁术便览》金莲稳步膏)

地骨皮露：地骨皮2.4千克，用蒸馏方法制成露12千克。用于体虚骨蒸，肺热干咳之辅助饮料。口服每次60～120克。(《全国中药成药处方集》)

大补元煎：救本培元，大补气血。主治气血大亏，精神失守之危剧病证。(《景岳全书》)

熟地首乌汤：滋补肝肾，养血填精。主治老年性白内障。(《眼科临证录》)

先天大造丸：补先天，疗虚损。主治气血不足，风寒湿毒袭于经络，初起皮色不变，漫肿无头；或阴虚，外寒侵入，初起筋骨疼痛，日久遂成肿痛，溃后脓水清稀，久而不愈，渐成漏证；并治一切气血虚羸，劳伤内损，男妇久不生育。(《外科正宗》)

杞菊地黄丸：滋肾养肝明目。主治肝肾阴虚，症见两目昏花，视物模糊，或眼睛干涩，迎风流泪等。(《麻疹全书》)

清经散：清热，凉血，止血。主治肾中水亏火旺，经行先期量多者。(《傅青主女科》)

两地汤：养阴清热，凉血调经。主治阴虚血热，症见月经先期而量少。(《傅青主女科》)

柴胡清骨散：清虚热，退骨蒸。主治劳瘵热甚人强，骨蒸久不痊。(《医宗金鉴》)

滋阴除湿汤：滋阴养血，除湿润燥。主治慢性湿疹、亚急性湿疹、脂溢性皮炎、异位性皮炎反复发作者。(《外科正宗》)

【中成药应用例证】

七味消渴胶囊：滋阴壮阳，益气活血。用于消渴病（糖尿病Ⅱ型），阴阳两虚兼气虚血瘀证。

七宝美髯口服液：补肝肾，益精血。用于肝肾两虚，须发早白，牙齿摇动，遗精盗汗，腰酸带下，筋骨痿弱，腰腿酸软，带下清稀。

三清胶囊：清热利湿，凉血止血。用于下焦湿热所致急、慢性肾盂肾炎，泌尿系感染引起的小便不利，恶寒发热，尿频，尿急，少腹痛疼等。

复方锁阳口服液：补肝肾，益精血，强筋骨。用于腰膝痿软，肠燥便秘。

丹郁骨康丸：活血化瘀，通络止痛，补肾健骨。用于股骨头缺血性坏死（骨蚀）的瘀阻脉络证，症见髋部疼痛，活动受限，肌肉萎缩，跛行，舌红或有瘀斑，脉弦涩等。

丹杞颗粒：补肾壮骨。用于骨质疏松症属肝肾阴虚证，症见腰脊疼痛或全身骨痛，腰膝酸软，或下肢痿软，眩晕耳鸣，舌质偏红或淡。

产复欣颗粒：益肾养血，补气滋阴，活血化瘀。用于产后子宫复旧不全引起的恶露不尽，产后出血，腰腹隐痛，气短多汗，大便难等症，并有助于产后体型恢复。

十二味齿龈康散：清胃祛火，凉血解毒。用于胃火炽盛所致的牙龈肿痛出血，口臭；牙周炎见上述证候者亦可应用。

十味降糖颗粒：益气养阴，生津止渴。用于非胰岛素依赖型糖尿病中气阴两虚证者，表现为倦怠乏力，自汗盗汗，气短懒言，口渴喜饮，五心烦热，心悸失眠，溲赤便秘，舌红少津，舌体胖大，苔薄或花剥，脉弦细或细数。

地骨皮露：凉营血，解肌热。用于体虚骨蒸，虚热口渴。

梓

Catalpa ovata G. Don

紫葳科（Bignoniaceae）梓属落叶乔木。

主干通直，嫩枝具稀疏柔毛。单叶对生或近于对生，有时轮生，阔卵形，常3浅裂，两面粗糙。顶生圆锥花序；花萼蕾时圆球形，2唇开裂；花冠钟状，淡黄色，有黄色及紫色斑点。蒴果线形，长达32厘米。花期5～6月，果期8～11月。

英山、罗田、团风等地有分布，生于海拔500～2500米的低洼山沟或河谷，野生少见。

梓白皮始载于《神农本草经》。《说文解字》："梓，楸也。"与楸形态相似，古人不辨，以为一类，花楸、河楸之名，亦同此理。《本草纲目》："梓或作杍，其义未详。"《埤雅》：梓为百木长，故呼梓为木王。盖木莫良于梓。故《书》以梓材名篇，《礼》以梓人名匠，朝廷以梓宫名棺也。罗愿云：屋室有此木，则余材皆不震，其为木王可知。

【入药部位及性味功效】

梓白皮，又称梓皮、梓木白皮、梓树皮、梓根白皮、土杜仲，为植物梓的根皮或树皮的韧皮部。全年均可采，晒干。味苦，性寒。归胆、胃经。清热利湿，降逆止吐，杀虫止痒。

主治湿热黄疸，胃逆呕吐，疮疥，湿疹，皮肤瘙痒。

梓木，又称雷电子，为植物梓的木材。全年可采，切薄片，晒干。味苦，性寒。归肺、肝、大肠经。催吐，止痛。主治霍乱不吐不泻，手足痛风。

梓实，为植物梓的果实。秋、冬间摘取成熟果实，晒干。味甘，性平。归肾、膀胱经。利水消肿。主治小便不利，浮肿，腹水。

梓叶，为植物梓的叶。春、夏季采摘，鲜用或晒干。味苦，性寒。归心、肺经。清热解毒，杀虫止痒。主治小儿发热，疮疖，疥癣。

【经方验方应用例证】

治急性肾炎：梓根皮、冬瓜皮、赤小豆各15克，水煎服。(《福建药物志》)

治小儿头疮：梓树皮30克，煎水洗。(《吉林中草药》)

治霍乱不吐不泻：梓木屑煎浓汁吐之。(《握灵本草》)

治手足痛风：梓木煎汤，桶上蒸之，勿令汤气入目。(《握灵本草》)

治疮疖：鲜梓叶适量，捣烂敷患处。(《吉林中草药》)

吊石苣苔

Lysionotus pauciflorus Maxim.

苦苣苔科（Gesneriaceae）吊石苣苔属小灌木。

茎长7～30厘米，分枝或不分枝。叶3枚轮生或对生；叶片革质，形状变化大，上部有少数齿，有时近全缘，两面无毛，中脉上面下陷。花序有1～2（5）花；花白色带淡紫色条纹或淡紫色。蒴果线形，无毛。种子纺锤形，毛长1.2～1.5毫米。花果期7～10月。

大别山各县市均有分布，生于丘陵或山地林中或阴处石崖上或树上。

石吊兰始载于《植物名实图考》，“石吊兰产信广、宝庆山石上……叶下生长须数条，就石上生根”。

【入药部位及性味功效】

石吊兰，又称黑乌骨、石豇豆、石泽兰、小泽兰、岩豇豆、岩石茶、岩泽兰、岩石兰、巴岩草、肺红草、瓜子草、石花、产后茶、山泽兰、石三七、石虎、岩参、石豇豆、石杨梅、岩头三七、岩条子、竹勿刺、吊兰、地枇杷，为植物吊石苣苔的全草。夏、秋二季叶茂盛时采割，除去杂质，晒干或鲜用。味苦、辛，性平。归肺经。祛风除湿，化痰止咳，软坚散结。主治风湿痹痛，咳嗽痰多，月经不调，痛经，跌打损伤。

【经方验方应用例证】

治腰痛、四肢痛：石吊兰、杜仲各9克，水煎服。(《湖南药物志》)

治风寒咳嗽：石吊兰15克，前胡6克，生姜3片，水煎服。(《安徽中草药》)

治乳腺炎：石吊兰30克（鲜草60克更好），与酒糟同捣烂外敷。另用石吊兰30克，紫花地丁60克，酒水各半煎服。(《浙南本草新编》)

治神经性头痛：石吊兰、水龙骨各30克，水煎，冲黄酒服。(《浙江民间常用草药》)

治跌打损伤：石吊兰15克，水煎，兑酒服。外用，捣烂敷伤处。(《湖南药物志》)

【中成药应用例证】

兰花咳宁片：风热犯肺，清热解毒，敛肺止咳。用于急慢性支气管炎所致的久咳、少痰。

咳康含片：止咳化痰，润肺止喘。用于风热所致的咳嗽、咳喘。

石吊兰片：清热解毒，软坚散结。用于淋巴结核。

岩果止咳液：清热化痰，止咳润肺。用于痰热阻肺所致的咳嗽痰多；慢性支气管炎见上述证候者亦可应用。

感清糖浆：辛温解表，宣肺止咳。用于风寒感冒引起的头痛、畏寒、发热、流涕、咳嗽等。

【现代临床应用】

石吊兰用于治疗淋巴结核。

细叶水团花

Adina rubella Hance

茜草科（Rubiaceae）水团花属落叶小灌木。

小枝红褐色。叶对生，近无柄，薄革质，卵状披针形或卵状椭圆形，全缘，托叶小，早落。头状花序单生，顶生或兼有腋生；花萼管疏被短柔毛，萼裂片匙形或匙状棒形；花冠5裂，花冠裂片三角状，紫红色。小蒴果长卵状楔形。花果期5～12月。

英山、罗田、麻城等地均有分布，生于山谷沟边或河边。

始载于《本草纲目》，曰："生水边，条叶甚多，生子如杨梅状。"头状花序球形，紫红色，似杨梅，又喜生水边，故称水杨梅。枝叶与柳相似，因而又称水杨柳。渔夫常用其枝条穿鱼，故有串鱼木、鱼串鳃诸名。

【入药部位及性味功效】

水杨梅，又称水杨柳、水毕鸡、串鱼木、水石榴、水金铃、鱼串鳃、绣球柳、沙金子、白消木、水红桃、水荔枝，为植物细叶水团花的地上部分。春、秋季采收茎叶，鲜用或晒干，8～11月果实未完全成熟时采摘花果序，除去枝叶及杂质，鲜用或晒干。味苦、涩，性凉。归胃、大肠经。清热利湿，解毒消肿。主治湿热泄泻，痢疾，湿疹，疮疖肿毒，风火牙痛，跌打损伤，外伤出血，肝炎，阴道滴虫病。

水杨梅根，又称头晕药根，为植物细叶水团花的干燥或新鲜根。夏、秋季采挖多年老植株的根，切片晒干或鲜用。味苦、辛，性凉。清热解表，活血解毒。主治感冒发热，肺热咳嗽，腮腺炎，咽喉肿痛，肝炎，风湿关节痛，创伤出血。

【经方验方应用例证】

治细菌性痢疾、肠炎：水杨梅全草30克，水煎，当茶饮。或水杨梅花果序15克，水煎或滚开水冲泡15min，去渣，每日服3次。(《全国中草药新医疗法展览会技术资料选编》)

治阴道滴虫：水杨梅花果序制成20%流浸膏涂阴道，或用水杨梅浸膏片3克塞于阴道内。(《全国中草药汇编》)

治流感：水杨梅根、贯众各30克，生姜15克，水煎服。(《福建药物志》)

治肺热咳嗽：水杨梅根10克，鱼腥草30克，水煎服。(《广西中草药》)

治肝炎：水杨梅、薏苡仁、虎杖各用鲜根30克，水煎服。(《福建药物志》)

治漆症：水杨梅根120克，煎水洗。(《湖南药物志》)

白簕洗剂：主治慢性湿疹。(《中医皮肤病学简编》)

敷穿板药：主治足心痈。(《准绳·疡医》)

【中成药应用例证】

双梅喉片：清热解毒，生津止渴。用于风热咽喉肿痛。

咽喉清喉片：疏风解表，清热解毒，清利咽喉。用于咽痛，咽干，声音嘶哑，或有发热恶风，咳嗽等症状者。

感冒安片：解热镇痛。用于感冒引起的头痛发热，鼻塞，咳嗽，咽喉痛。

水杨梅片：清热燥湿，止泻止痢。用于细菌性痢疾，肠炎，泄泻，里急后重。

治伤软膏：散瘀，消肿，止痛。用于跌打损伤局部肿痛。

【现代临床应用】

水杨梅用于治疗细菌性痢疾及肠炎。

栀子

Gardenia jasminoides Ellis

茜草科（Rubiaceae）栀子属常绿灌木。

叶对生，革质，稀为纸质，少为3枚轮生，叶形多样，托叶鞘状。花芳香，通常单朵生于枝顶；花冠白色，单瓣或重瓣，芳香，高脚碟状。蒴果倒卵形或椭圆形，黄色或橘红色，有5～9条翅状纵棱，萼片宿存。花期3～7月，果期5月至翌年2月。

大别山各地有栽培，野生种生于山坡或林缘。

始载于《神农本草经》，列为中品。栀子，亦作卮子、巵子。《本草纲目》云："巵，酒器也。巵子象之，故名。俗作栀。"生于南方，其形长圆，以桃喻之，故称越桃。《本草经考注》："子中仁深红，木丹之名盖亦此义，谓木实中人其色如丹也。"诸"黄"之称，得之于成熟果实色黄也。

【入药部位及性味功效】

栀子，又称木丹、鲜支、卮子、支子、越桃、山栀子、枝子、小卮子、黄鸡子、黄荑子、黄栀子、黄栀、山黄栀、山栀，为植物栀子的成熟果实。于10月中、下旬，当果皮由绿色转为黄绿色时采收，除去果梗和杂质，置蒸笼内微蒸至上气或放入明矾水中微煮，取出晒干或烘干。亦可直接将果实晒干或烘干。味苦，性寒。归心、肺、肝、胃、三焦经。泻火除烦，清热利湿，凉血解毒。主治热病心烦，湿热黄疸，淋证涩痛，血热吐衄，目赤肿痛，火毒疮疡，外用消肿止痛。

栀子花，又称薝卜花、山栀花、野桂花、白蟾花、雀舌花、玉瓯花、玉荷花，为植物栀子、重瓣栀子的花。6～7月采摘，鲜用或晾干。味苦，性寒。归肺、肝经。清肺止咳，凉血止血。主治肺热咳嗽，鼻衄。

栀子叶，又称黄枝叶，为植物栀子的叶。春、夏季采收，晒干。味苦、涩，性寒。归肺、肝、肾经。活血消肿，清热解毒。主治跌打损伤，疔毒，痔疮，下疳。

栀子根，为植物栀子的根及根茎。全年可采，鲜用或切片晒干。味甘、苦，性寒。归肝、胆、胃经。清热利湿，凉血止血。主治黄疸，痢疾，感冒高热，吐血，衄血，淋证，肾炎水肿，乳腺炎，疮痈肿毒，跌打损伤。

【经方验方应用例证】

治黄疸：栀子根30～60克，煮瘦肉食。(《岭南草药志》)

辛夷清肺饮：疏风清肺。主治风热郁滞肺经，致生鼻痔，鼻内息肉，初如榴子，渐大下垂，闭塞鼻孔，气不宣通者。(《外科正宗》)

牛蒡解肌汤：疏风清热，凉血消肿。主治头面风热，颈项痰毒，风热牙痛，兼有表证者。(《疡科心得集》)

防风通圣散：疏风解表，泻热通里。主治风热壅盛，表里俱实，憎寒壮热，头目昏眩，偏正头痛，目赤睛痛，口苦口干，咽喉不利，胸膈痞闷，咳呕喘满，涕唾稠粘，大便秘结，小便赤涩，疮疡肿毒，肠风痔漏，风瘙瘾疹，苔腻微黄，脉数。(《宣明论方》)

丹栀逍遥散：养血健脾，疏肝清热。主治肝脾血虚发热，或潮热晡热，或自汗盗汗，或头痛目涩，或怔忡不宁，或颊赤口干，或月经不调，或肚腹作痛，或小腹重坠，水道涩痛，或肿痛出脓，内热作渴。

黄连解毒汤：泻火解毒。主治一切实热火毒，三焦热盛之证，症见大热烦躁，口燥咽干，错语，不眠，或热病吐血、衄血，或热甚发斑，身热下痢，湿热黄疸，外科痈疽疔毒，小便赤黄，舌红苔黄，脉数有力。本方常用于败血症、脓毒血症、痢疾、肺炎、泌尿系感染、流行性脑脊髓膜炎、流行性乙型脑炎以及感染性炎症等属热毒为患者。(《外台秘要》)

栀子金花丸：清热泻火，凉血解毒。主治肺胃热盛，口舌生疮，牙龈肿痛，目赤眩晕，咽喉肿痛，大便秘结。(《景岳全书》)

【中成药应用例证】

七味沙参汤散：清肺，止咳，祛痰。用于肺热咳嗽，气喘，痰多，急、慢性支气管炎。

上清片：清热散风，解毒通便。用于头晕耳鸣，目赤，鼻窦炎，口舌生疮，牙龈肿痛，大便秘结。

丹栀逍遥胶囊：疏肝健脾，解郁清热，养血调经。用于肝郁脾弱，血虚发热，两胁作痛，头晕目眩，月经不调等症。

丹膝颗粒：养阴平肝，息风通络，清热除烦。用于中风病中经络恢复期瘀血阻络兼肾虚证，症见半身不遂，口舌歪斜，舌强语謇，偏身麻木，头晕目眩，腰膝酸软等；脑梗塞恢复期见上述症状者亦可应用。

二母宁嗽口服液：清肺润燥，化痰止咳。用于燥热蕴肺，痰黄而粘不易咳出，胸闷气促，久咳不止，声哑喉痛。

白马骨

Serissa serissoides (DC.) Druce

茜草科（Rubiaceae）白马骨属小灌木。

枝粗壮。叶通常丛生，薄纸质，倒卵形或倒披针形，顶端短尖或近短尖，基部收狭成一短柄；托叶具锥形裂片。花通常数朵丛生于小枝顶部，有苞片；花冠管与萼檐裂片等长。花期4～6月。

大别山各县市均有分布，生于荒地或草坪。

始载于《本草拾遗》。小灌木，茎皮灰白色，形似朽骨，故称白马骨，“硬骨”“鸡骨”之名同义。花白而小，六月开放，故有六月雪、满天星、天星木诸名。因喜生路边，枝繁叶茂，丛生如荆，故名路边荆，音转为路边鸡、路边金。植株矮小，因有千年勿大、千年矮之称。

【入药部位及性味功效】

白马骨，又称路边金、满天星、路边鸡、六月冷、曲节草、路边荆、鱼骨刺、光骨刺、过路黄荆、硬骨柴、天星木、凉粉草、细牙家、白点秤、鸡骨头草、鸡脚骨、路边姜、白金条、鸡骨柴、千年勿大、白马里梢、野黄杨树、米筛花、冻米柴、月月有、朱米雪、坐山虎、千年树、白花树、铁线树、黄羊脑、五经风、鸡骨头柴，为植物白马骨、六月雪的全草株。栽后1～2年，于4～6月采收茎叶（能连续收获4～5年），秋季挖根，洗净，切段，鲜用或晒干。味苦、辛，性凉，无毒。归肝、脾经。祛风利湿，清热解毒。主治感冒，黄疸型肝炎，肾炎水肿，咳嗽，喉痛，角膜炎，肠炎，痢疾，腰腿疼痛，咳血，尿血，妇女闭经，白带，小儿疳积，惊风，风火牙痛，痈疽肿毒，跌打损伤。

【经方验方应用例证】

治偏头痛：鲜白马骨30～60克，水煎，泡少许食盐服。（《泉州本草》）

灵草洗药方：主治久新痈疽，发背疖毒。（《外科百效》）

钩藤

Uncaria rhynchophylla (Miq.) Miq. ex Havil.

茜草科（Rubiaceae）钩藤属攀援性灌木。

嫩枝较纤细，方柱形或略有4棱角，无毛。叶纸质，长圆形至卵状长圆形；托叶2深裂，裂片条状钻形。头状花序单生叶腋或数个成顶生的总状花序，花萼管疏被毛，萼裂片近三角形；花冠裂片卵圆形。蒴果。花果期5～12月。

英山、罗田偶布，生于海拔1000米以下山谷溪边的疏林或灌丛中。

始载于《名医别录》，原名钓藤。李时珍曰："钓藤，其刺曲如钓钩，故名。或作吊，从简耳。"其叶腋有成对或单生的钩，钩尖向下弯曲，故有钩藤、双钩藤、莺爪风、鹰爪风等名称。

【入药部位及性味功效】

钩藤，又称钓藤、吊藤、钩藤钩子、钓钩藤、莺爪风、嫩钩钩、金钩藤、挂钩藤、钩丁、倒挂金钩、钩耳、双钩藤、鹰爪风、倒挂刺，为植物钩藤、大叶钩藤、毛钩藤、华钩藤或无柄果钩藤的带钩茎枝。栽后3～4年采收，春季发芽前，或在秋后嫩枝已长老时，把带有钩的枝茎剪下，再用剪刀在着生钩的两头平齐或稍长剪下，每段长3厘米左右，晒干，或蒸后晒干。味甘，性凉。归肝、心包经。息风定惊，清热平肝。主治小儿惊风，夜啼，热盛动风，妊娠子痫，肝阳眩晕，肝火头胀痛。

钩藤根，为植物钩藤的根。夏、秋季采收，洗净，切片晒干。味苦，性寒。归肝经。舒筋活络，清热消肿。主治关节痛风，半身不遂，癫痫，水肿，跌扑损伤。

【经方验方应用例证】

治高血压，头晕目眩，神经性头痛：钩藤6～15克，水煎服。（广州部队《常用中草药手册》）

治关节痛风：钩藤根250克，加烧酒适量，浸1天后，分3天服。（《浙江民间常用草药》）

治半身不遂：钩藤根120克，五加皮根、枫荷梨根各60克，水煎去渣，同老鸟鸭1只炖服。（《江西草药》）

治精神分裂症（癫症）：钩藤根30克，石菖蒲9克，水煎服，每日1剂。（《江西草药》）

益脾镇惊散：镇心，抑肝，益脾。主治小儿气弱受惊，致成泄泻，昼则惊惕，夜卧不安，粪稠若胶，色青如苔。（《医宗金鉴》）

小儿回春丹：开窍定惊，清热化痰。主治小儿急惊，痰热蒙蔽，发热烦躁，神昏惊厥，或反胃呕吐，夜啼吐乳，痰嗽哮喘，腹痛泄泻。（《敬修堂药说》）

天麻钩藤饮：平肝熄风，清热活血，补益肝肾。主治肝经有热，肝阳偏亢，头痛头胀，耳鸣目眩，少寐多梦，或半身不遂，口眼歪斜，舌红，脉弦数。（《杂病证治新义》）

程氏生铁落饮：镇心安神，化痰开窍。主治狂症，发作则暴，骂詈，不避亲疏，甚则登高而歌，弃衣而走，踰垣上屋；亦治心热癫痫。（《医学心悟》）

【中成药应用例证】

复方钩藤片：滋补肝肾，平肝潜阳。用于肝肾不足，肝阳上亢，眩晕头痛，失眠耳鸣，腰膝酸软。

中风再造丸：舒筋活血，祛风化痰。用于口眼歪斜，言语不清，半身不遂，四肢麻木，风湿、类风湿性关节炎等。

丹珍头痛胶囊：平肝熄风，散瘀通络，解痉止痛。用于肝阳上亢，瘀血阻络所致的头痛，背痛颈酸，烦燥易怒。

丹黄颗粒：益气活血，通络止痛。用于气虚血瘀所致的偏头痛，症见头痛经久不愈，痛处固定，遇劳加重或夜间为甚，伴头晕、失眠。

养血清脑颗粒：养血平肝，活血通络。用于血虚肝亢所致的头痛，眩晕眼花，心烦易怒，失眠多梦等。

元神安颗粒：熄风活血，行气止痛，清肝宁窍。用于肝风夹瘀所致的偏头痛，症见头痛或左或右，或前或后，反复发作，疼痛剧烈，可伴有恶心，呕吐，头晕，胸胁胀满，情志不舒，舌质暗红或紫暗，或看上有瘀斑、瘀点，苔薄白，脉弦。

【现代临床应用】

钩藤用于治疗高血压，疗效与年龄、病程有关，年龄小、病程短、见效快，原发性高血压较继发性高血压疗效好，而原发性高血压中，又以Ⅰ、Ⅱ期高血压疗效好；治疗百日咳。

接骨木

Sambucus williamsii Hance

忍冬科（Caprifoliaceae）接骨木属落叶灌木或小乔木。

羽状复叶有小叶2～3对，顶生小叶具长约2厘米的柄；托叶狭带形，或退化成带蓝色的突起。花与叶同出，圆锥形聚伞花序顶生；花小而密；萼筒杯状，萼齿三角状披针形；花冠蕾时带粉红色，开后白色或淡黄色。果实红色，极少蓝紫黑色。花期4～5月，果熟期9～10月。

大别山各县市均有分布，生于山坡、灌丛、沟边、路旁、宅边等地。

接骨木始载于《新修本草》。《本草纲目》引用《本草图经》文意："接骨以功而名。花、叶都类蒴藋、陆英、水芹辈，故一名木蒴藋。"扦扦活，言其扦插易成活也。

【入药部位及性味功效】

接骨木，又称木蒴藋、续骨木、扦扦活、七叶黄荆、放棍行、珊瑚配、铁骨散、接骨丹、七叶金、透骨草、接骨风、马尿骚、臭芥棵、暖骨树、自草柴、接骨草、青杆错、白马桑、大接骨丹、大婆参、插地活、公道老、舒筋树、根花木、木本接骨丹、九节风，为植物接骨木、毛接骨木及西洋接骨木的茎枝。全年可采收，鲜用或切段晒干。味甘、苦，性平。归肝、肾经。祛风利湿，活血，止血。主治跌打损伤，风湿痹痛，痛风，大骨节病，急慢性肾炎，风疹，骨折肿痛，外伤出血。

接骨木叶，为植物接骨木、毛接骨木和西洋接骨木的叶。春、夏季采收，鲜用或晒干。味辛、苦，性平。活血，舒筋，止痛，利湿。主治跌打骨折，筋骨疼痛，风湿疼痛，痛风，脚气，烫火伤。

接骨木花，为植物接骨木、毛接骨木及西洋接骨木的花。4～5月采收整个花序，加热后花即脱落，除去杂质，晒干。味辛，性温。发汗利尿。主治感冒，小便不利。

接骨木根，为植物接骨木、毛接骨木、和西洋接骨木的根或根皮。9～10月采挖，洗净切片，鲜用或晒干。味苦、甘，性平。祛风除湿，活血舒筋，利尿消肿。主治风湿疼痛，痰饮，黄疸，跌打瘀痛，骨折肿痛，急、慢性肾炎，烫伤。

【经方验方应用例证】

治风湿性关节炎，痛风：鲜接骨木茎叶120克，鲜豆腐120克，酌加水、黄酒炖服。（江西《草药手册》《吉林中草药》）

治漆疮：接骨木茎叶120克，煎汤待凉洗患处。（《山西中草药》）

治脚气湿痹、偏瘫：接骨木叶、金银花藤叶各适量，煎水趁热熏洗。（江西《草药手册》）

独神散：主治肺痈。（《疡科选粹》）

接骨丸：主治打折伤损。（《正体类要》）

金刚活络丹：疏经活络、消肿止痛。主治各种扭伤、挫伤。（《古今名方》引《张天乐十二秘方制药经验》）

【中成药应用例证】

三七伤药胶囊：舒筋活血，散瘀止痛。用于急慢性挫伤、扭伤、关节痛、神经痛、跌打损伤等。

忍冬

Lonicera japonica Thunb.

忍冬科（Caprifoliaceae）忍冬属半常绿藤本。

幼枝橘红褐色，密被黄褐色、开展的硬直糙毛、腺毛和短柔毛。小枝上部叶通常两面均密被短糙毛，下部叶常平滑无毛；叶柄密被短柔毛。总花梗通常单生于小枝上部叶腋；花冠白色，后变黄色，外被糙毛和长腺毛，上唇裂片顶端钝形，下唇带状而反曲。果实圆形，熟时蓝黑色。花期4～6月，果熟期10～11月。

大别山各县市均有分布，生于山坡灌丛或疏林中、乱石堆、山足路旁及村庄篱笆边。

忍冬始载于《名医别录》，列为上品。《救荒本草》:“花初开白色，经一二日则色黄，故名金银花。”其余花名，多因其有二色而得。《本草经集注》云：“今处处皆有，似藤生，凌冬不凋，故名忍冬。”茎缠绕似藤，凌冬不凋，故名忍冬藤、鹭鸶藤等。其花长瓣垂须，黄白相半，而藤左缠，故有金银、鸳鸯、老翁须、左缠藤诸名。

【入药部位及性味功效】

忍冬藤，又称老翁须、金钗股、大薜荔、水杨藤、千金藤、鸳鸯草、鹭鸶藤、忍冬草、左缠藤、忍寒草、通灵草、蜜桶藤、金银花藤、金银藤、金银花杆、二花秧、银花秧、二花藤，为植物忍冬、华南忍冬、菰腺忍冬、黄褐毛忍冬等的茎枝。秋、冬二季采割，捆成束或卷成团，晒干。味甘，性寒。归胃、肺经。清热解毒，疏风通络。用于温病发热，疮痈肿毒，热毒血痢，风湿热痹，关节红肿热痛。

金银花，又称忍冬花、鹭鸶花、银花、双花、二花、金藤花、双苞花、金花、二宝花，为植物忍冬、华南忍冬、菰腺忍冬、黄褐毛忍冬等的花蕾。开花时间集中，必须抓紧时间采摘，一般在5月中、下旬采第1次花，6月中、下旬采第2次花。当花蕾上部膨大尚未开放，呈青白色时采收最适宜，采后立即晾干或烘干。味甘，性寒。归肺、心、胃经。清热解毒。主治温病发热，热毒血痢，痈肿疔疮，喉痹及多种感染性疾病。

金银花子，又称银花子，为植物忍冬及同属植物的果实。秋末冬初采收，晒干。味苦、涩、微甘，性凉。清肠化湿。主治肠风泄泻，赤痢。

金银花露，又称金银露、忍冬花露、银花露，为植物忍冬及其同属植物花蕾的蒸馏液。味甘，性寒。归心、脾、胃经。清热，清暑，解毒。主治暑热烦渴，恶心呕吐，热毒疮疖，痱子。

【经方验方应用例证】

治野蕈毒：急采鸳鸯藤啖之，即忍冬草也。(《本草纲目》引《夷坚志》)

拔毒散：攻毒止痛化脓。主治一切痈疽肿毒。(《痈疽神秘验方》)

白疕二号方：清热解毒，祛风除湿。主治牛皮癣早期。(《朱仁康临床经验集》)

驳骨散：散瘀，消肿，止痛，接骨。主治骨折伤。(《中医伤科学讲义》)

大辟瘟丹：主治诸般时疫，霍乱疟痢，中毒中风，历节疼痛，心痛腹痛，羊痫失心，传尸骨蒸，偏正头痛，症瘕积块，经闭梦交，小儿惊风发热，疳积腹痛。(《羊毛温证论》)

加味桔梗汤：清肺排脓解毒。主治肺痈溃脓期。(《医学心悟》)

双解汤：内清外解。主治急慢性结膜炎。(《庞赞襄中医眼科经验》)

仙方活命饮：清热解毒，消肿溃坚，活血止痛。主治阳证痈疡肿毒初起，红肿灼痛，或身热凛寒，苔薄白或黄，脉数有力。本方常用于治疗化脓性炎症，如蜂窝织炎、化脓性扁桃体炎、乳腺炎、脓疱疮、疖肿、深部脓肿等属阳证、实证者。(《校注妇人良方》)

银花解毒汤：清热解毒，养血止痛。主治风火湿热所致的痈疽疔毒。(《疡科心得集》)

【中成药应用例证】

中风回春胶囊：活血化瘀，舒筋通络。用于中风偏瘫，半身不遂，肢体麻木。

双辛鼻窦炎颗粒：清热解毒，宣肺通窍。用于肺经郁热引起的鼻窦炎。

复方忍冬野菊感冒片：清热解毒，疏风利咽。用于风热感冒，咽喉肿痛，发热。

复方紫草气雾剂：清热凉血，解毒止痛。用于烧烫伤。

三黄清解片：清热解毒。用于风温热病，发热咳喘，口疮咽肿，热淋泻痢等症。

复方双花口服液：清热解毒，利咽消肿。用于风热外感、风热乳蛾，症见发热，微恶风，头痛，鼻塞流涕，咽红而痛或咽喉干燥灼痛，吞咽则加剧，咽扁桃体红肿，舌边尖红苔薄黄或舌红苔黄，脉浮数或数。

大败毒胶囊：清血败毒，消肿止痛。用于脏腑毒热，血液不清引起的梅毒，血淋，白浊，尿道刺痛，大便秘结，疥疮，痈疽疮疡，红肿疼痛。

复方大青叶注射液：清瘟解毒。用于流行性乙型脑炎，急、慢性肝炎，流行性感冒，腮腺炎。

盘叶忍冬

Lonicera tragophylla Hemsl.

忍冬科（Caprifoliaceae）忍冬属落叶藤本。

叶具短柄，矩圆形至椭圆形，花序下的1对叶片基部合生成盘状。3花的聚伞花序集合成头状，生分枝顶端，共有花9～18朵；萼齿小，花冠黄色至橙黄色，上部外面略带红色。浆果红色，近球形。花期6～7月，果熟期9～10月。

罗田 、英山等地有分布，生林下、灌丛中或河滩旁岩缝中。

罗田金银花，湖北省罗田县特产，外观特别，香气浓郁，有效成分高，2011年11月30日，原国家质检总局批准对“罗田金银花”实施地理标志产品保护。产地范围为湖北省罗田县胜利镇、河铺镇、九资河镇、白庙河乡、大崎乡、平湖乡、三里畈镇、匡河乡、凤山镇、大河岸镇、白莲河乡、骆驼坳镇12个乡镇，天堂寨、薄刀锋、青苔关、黄狮寨4个国有林场现辖行政区域。其它参见忍冬。

【入药部位及性味功效】

参见忍冬。

【经方验方应用例证】

参见忍冬。

【中成药应用例证】

参见忍冬。

豪猪刺

Berberis *julianae* Schneid.

小檗科（Berberidaceae）小檗属常绿灌木。

老枝黄褐色或灰褐色，幼枝淡黄色，具条棱和稀疏黑色疣点；茎刺粗壮，三分叉，茎腹面具槽。叶革质，披针形或倒披针形，叶缘平展，具刺齿。花黄色，10～25朵簇生；花瓣长圆状椭圆形。浆果长圆形，蓝黑色，顶端具明显宿存花柱，被白粉。花期3月，果期5～11月。

英山、罗田、麻城等地有分布，生于山谷林中、沟边。

小檗之名始载于《新修本草》。三颗针之名始载于《分类草药性》。由于小檗属植物多具有三分叉的针刺，民间常将多种小檗属植物统称为"三颗针"，又常作小檗入药。

【入药部位及性味功效】

鸡脚刺，又称三颗针、九莲小檗、鸡足黄连，为植物豪猪刺的根或茎。栽后5～6年即可收获，一般全年可采，秋季为佳，全根挖起，洗净，砍下茎干，鲜用或干用。干用时先把鲜粗根或茎干斜切成0.5厘米厚的薄片，细根则切成3厘米长的短节，炕干、烤干或晒干，但不宜烈日曝晒。防止受潮霉变。味苦，性寒。归肝、脾、胃经。清热利湿，泻火解毒。主治湿热泻痢，热淋，目赤肿痛，牙龈红肿，咽喉肿痛，痄腮，丹毒，湿疹，热毒疮疡。

【经方验方应用例证】

治急性胃肠炎，口腔，咽喉炎，眼结膜炎：豪猪刺茎叶60克，煎水代茶饮。（江西《草药手册》）

治无名肿毒，丹毒，湿疹，烫伤，跌打瘀肿：豪猪刺根、茎适量，刮去粗皮，切片烘干，研细末，水调敷；或用麻油、凡士林调成30%软膏，涂一薄层于纱布，敷贴患处。（江西《草药手册》）

日本小檗

Berberis thunbergii DC.

小檗科（Berberidaceae）小檗属落叶灌木。

枝条开展，具细条棱，无毛；茎刺单一。叶薄纸质，倒卵形、匙形或菱状卵形，全缘，无毛。花2～5朵组成具总梗的伞形花序，或近簇生的伞形花序或无总梗而呈簇生状；小苞片卵状披针形；花黄色；外萼片卵状椭圆形，内萼片阔椭圆形；花瓣长圆状倒卵形，先端微凹，基部略呈爪状。浆果椭圆形，亮鲜红色，无宿存花柱。花期4～6月，果期7～10月。

原产日本，是小檗属中栽培最广泛的种之一。大别山各县市有栽培。

小檗之名始载于《新修本草》。常栽培于庭园中或路旁作绿化或绿篱用。根和茎含小檗碱，可供提取黄连素。民间枝、叶煎水服，可治结膜炎；根皮可作健胃剂。茎皮去外皮后，可作黄色染料。

其它参见豪猪刺。

【入药部位及性味功效】

一颗针，又称黄连、三颗针、刺榴根、子檗、刺檗、山石榴、刺木仔根、大刺根，为植物日本小檗的根、根皮及枝叶。夏季采枝叶，秋季挖根及根皮，洗净切段，晒干。味苦，性寒。清热燥湿，泻火解毒。主治湿热泄泻，痢疾，胃热疼痛，目赤肿痛，口疮，咽喉肿痛，急性湿疹，烫伤。

【经方验方应用例证】

治结膜炎：日本小檗枝叶15克，水煎洗眼。(《青岛中草药手册》)

治急性胃肠炎、肝炎：日本小檗根15～30克，水煎服。(《湖南农村常用中草药手册》)

治急性湿疹及烫伤：日本小檗根研末，麻油调搽患处。(《湖南农村常用中草药手册》)

阔叶十大功劳

Mahonia bealei (Fort.) Carri

小檗科（Berberidaceae）十大功劳属常绿灌木或小乔木。

小叶狭倒卵形至长圆形，边缘每边具2～6粗锯齿，先端具硬尖，叶柄长0.5～2.5厘米。总状花序直立，常3～9个簇生；花黄色；外萼片卵形，宽1.5～2.5毫米，中萼片椭圆形，内萼片长圆状椭圆形；花瓣倒卵形。浆果卵形，深蓝色，被白粉。花期9月至次年1月，果期3～5月。

英山、罗田、麻城等地有分布，生于林下、溪边、路旁。为常见园林植物。

十大功劳，自古就有异物同名问题。《本经逢原》和《本草纲目拾遗》述及的十大功劳是冬青科植物枸骨。功劳木之名较早记载可见于《饮片新参》，但未有形态描述，难以考其品种，现《中华人民共和国药典》以小檗科十大功劳属植物为其来源。但现时大多数地区广泛应用的功劳叶是冬青科植物枸骨叶，仅少数地区才使用小檗科植物十大功劳之叶。

【入药部位及性味功效】

功劳木，又称土黄柏、黄柏、黄天竹、鼠不爬、山黄柏、大叶黄连、十大功劳、伞把黄连、大老鼠黄、老鼠黄、老鼠刺、刺黄连、黄杨木、羊角莲、土黄芩、羊角黄连、八角羊、土黄连，为植物阔叶十大功劳、细叶十大功劳的茎或茎皮。全年均可采，鲜用或晒干，亦可先将茎外层粗皮刮掉，然后剥取茎皮，鲜用或晒干。味苦，性寒。归肺、肝、大肠经。清热，

燥湿，解毒。主治肺热咳嗽，黄疸，泄泻，痢疾，目赤肿痛，疮疡，湿疹，烫伤。

十大功劳根，又称土黄柏、刺黄柏、刺黄芩、刺黄连、老鼠刺、土黄连，为植物阔叶十大功劳、细叶十大功劳、华南十大功劳和西藏十大功劳的根。全年均可采挖，洗净泥土，除去须根，切段，晒干，或鲜用。味苦，性寒。归脾、肝、大肠经。清热，燥湿，消肿，解毒。主治湿热痢疾，腹泻，黄疸，肺痨咳血，咽喉痛，目赤肿痛，疮疡，湿疹。

十大功劳叶，又称功劳叶，为植物阔叶十大功劳的叶。全年均可采摘，晒干备用。味苦，性寒。归肝、肾、肺经。清虚热，燥湿，解毒。主治肺痨咳血，骨蒸潮热，头晕耳鸣，腰酸腿软，湿热黄疸，带下，痢疾，风热感冒，目赤肿痛，痈肿疮疡。

功劳子，为植物阔叶十大功劳、细叶十大功劳的果实。6月采果实，晒干，去净杂质，晒至足干为度。味苦，性凉。归肺、肾、脾经。清虚热，补肾，燥湿。主治骨蒸潮热，腰膝酸软，头晕耳鸣，湿热腹泻，带下，淋浊。

【经方验方应用例证】

治慢性胆囊炎：十大功劳根、过路黄各30克，栀子15克，南五味子9克水煎服。(《福建药物志》)

治皮肤烂痒：阔叶十大功劳树皮，晒干研粉，擦伤处。(《湖南药物志》)

调经止带丸：专治十二带症。(《饲鹤亭集方》)

治盆腔炎：阔叶十大功劳根9克，金银花10克，紫花地丁24克，水煎服。(《福建药物志》)

【中成药应用例证】

乳癖安消口服液：活血化瘀，软坚散结。用于气滞血瘀所致乳癖，乳腺小叶增生，卵巢囊肿，子宫肌瘤等。

关通舒胶囊：祛风除湿，散寒通络。用于风寒湿邪，痹阻经络所致关节疼痛，屈伸不利以及腰肌劳损；外伤性腰腿痛见以上证候者亦可应用。

功劳去火胶囊：清热解毒。用于实热火毒型急性咽喉炎、急性胆囊炎、急性肠炎。

宜肝乐颗粒：清热解毒，利胆退黄。用于肝胆湿热所致的急慢性乙型肝炎。

百贝益肺胶囊：滋阴活血，止咳化痰。用于治疗肺阴不足之久咳，以及支气管炎，肺痨久咳。

胃肠宁颗粒：清热祛湿，健胃止泻。用于急性胃肠炎，小儿消化不良。

十大功劳

Mahonia fortunei (Lindl.) Fedde

小檗科（Berberidaceae）十大功劳属常绿灌木。

叶柄长2～9厘米；小叶无柄或近无柄，狭披针形至狭椭圆形。总状花序4～10个簇生；花黄色；外萼片卵形或三角状卵形，中萼片长圆状椭圆形，内萼片长圆状椭圆形；花瓣长圆形。浆果球形，紫黑色，被白粉。花期7～9月，果期9～11月。

英山、罗田等地有分布，生于海拔350～2000米的山坡沟谷林中、路边或河边。为常见园林观赏植物。

【入药部位及性味功效】

参见阔叶十大功劳。

【经方验方应用例证】

参见阔叶十大功劳。

【中成药应用例证】

参见阔叶十大功劳。

十大功劳，源于它在民间医疗保健中，用途不仅仅十种。全株均可入药，且药效卓著。依照中国人凡事讲求好意头的习惯，便赋予它“十”这个象征完满的数字，因而得名。亦可做盆栽和园林种植。参见阔叶十大功劳。

菝葜

Smilax china L.

百合科（Liliaceae）菝葜属攀援灌木。

根状茎粗厚，坚硬。茎疏生刺。叶薄革质，圆形或卵形；叶背绿色；叶柄1/2～2/3具鞘，鞘与叶柄近等宽，卷须粗长。花绿黄色，雄花花药比花丝稍宽，常弯曲；雌花与雄花大小相似，有6枚退化雄蕊。花期2～5月，果期9～11月。

广布于大别山各县市的林下、灌丛中、路旁、河谷或山坡上。

始载于《名医别录》，列为中品。《本草纲目》:“菝葜山野中甚多。其茎似蔓而坚强，植生有刺。其叶团大，状如马蹄，光泽似柿叶，不类冬青。秋开黄花，结红子。其根甚硬，有硬须如刺。”又云：“而江浙人谓之菝葜根，亦曰金刚根，楚人谓之铁菱角，皆状其坚而有尖刺也。”金刚骨、金刚刺、山菱角等名皆言其根刚劲。

【入药部位及性味功效】

菝葜，又称金刚根、金刚骨、山梨儿、铁刷子、铁菱角、金刚刺、金刚头、假萆薢、山菱角、霸王利、沟谷刺、金巴斗、豺狗刺、马甲、硬饭头、冷饭头、龙爪菜、普贴、鸡肝根、路边刷、鲎壳刺、铁刺苓、饭巴铎、冷饭巴、金刚鞭、马鞍宫、马加刺兜、马加勒，为植物菝葜的根茎。秋末至次年春采挖，除去须根，洗净，晒干或趁鲜切片，干燥。味甘、酸，性平。归肝、肾经。祛风利湿，解毒消痈。主治风湿痹痛，小便淋浊，带下量多，泄泻，痢疾，疔疮痈肿，顽癣，烧烫伤。

菝葜叶，为植物菝葜的叶。夏、秋季采收，鲜用或晒干。味甘，性平。祛风，利湿，解毒。主治风肿，疮疖，肿毒，臁疮，烧烫伤，蜈蚣咬伤。

【经方验方应用例证】

治糖尿病：菝葜鲜叶30～60克，水煎作茶饮。（《广西本草选编》）

菝葜散：主治一切伏热，烦躁困闷。（《圣济总录》）

黄连黄耆丸：主治消肾，小便白浊，四肢羸瘦，渐至困乏。（《鸡峰普济方》）

调中汤：除风湿，理石毒，止小便，去皮肤疮。主治肾虚热渴，小便多。（《外台》引《近效方》）

菝葜汤：温脾补肾。主治肾虚，小便数而渴，形瘦体虚，舌干枯。（《鸡蜂普济方》）

【中成药应用例证】

三金胶囊：清热解毒，利湿通淋，益肾。用于下焦湿热，热淋，小便短赤，淋沥涩痛，急、慢性肾盂肾炎，膀胱炎，尿路感染属肾虚湿热下注证者。

金刚藤胶囊：清热解毒，消肿散结。用于附件炎和附件炎性包块。

银屑胶囊：祛风解毒。用于银屑病。

疏风活络片：疏风活络，散寒祛湿。用于风寒湿痹，四肢麻木，关节、腰背酸痛等症。

光叶菝葜

Smilax corbularia var. woodii (Merr.) T. Koyama

百合科（Liliaceae）菝葜属攀援灌木。

枝条光滑，无刺。叶薄革质，狭椭圆状披针形至狭卵状披针形，下面通常绿色；叶柄具狭鞘，有卷须，脱落点位于近顶端。伞形花序通常具10余朵花；总花梗通常明显短于叶柄，花绿白色，六棱状球形；雄花外花被片近扁圆形，兜状；内花被片近圆形雄；雌花外形与雄花相似，具3枚退化雄蕊。浆果直径7～10毫米，熟时紫黑色。花期7～11月，果期11月至次年4月。

常生于海拔1000米以下的林中或林缘、灌丛下、河岸或山谷中。

始载于《本草经集注》，原名禹余粮。据传说，"昔禹行山乏食，采此充粮而弃其余"，故称禹余粮。冷饭团、仙遗粮等名，与此同义。土茯苓、刺猪苓、山地栗，皆从象形名之。又因块茎如薯，而有久老薯、毛尾薯等诸薯之名。

【入药部位及性味功效】

土茯苓，又称禹余粮、白余粮、草禹余粮、刺猪苓、过山龙、硬饭、冷饭团、仙遗粮、土萆薢、山猪粪、山地栗、过冈尤、山牛、冷饭头、山归来、久老薯、毛尾薯、地胡苓、狗老薯、饭团根、土苓、狗朗头、尖光头、山硬硬、白葜、连饭、红土苓、山奇良，为植物光叶菝葜、暗叶菝葜的根茎。全年可采挖，除去须根，洗净，切片晒干，或放开水中煮数分钟后，切片晒干。味甘、淡，性平。归肝、胃经。泄浊解毒，清热除湿，通利关节。用于梅毒及汞中毒所致的肢体拘挛，筋骨疼痛，湿热淋浊，带下，痈肿，瘰疬，疥癣。

【经方验方应用例证】

治皮炎：土茯苓60～90克，水煎，当茶饮。(《江西草药》)

归灵内托散：补元益气，清热除湿，通络活血。主治杨梅疮，不问新久，但元气虚弱者。（《医宗金鉴》）

搜风解毒汤：搜风通络，清热解毒。主治杨梅结毒，初起结肿，筋骨疼痛，及服轻粉药后筋骨挛痛，瘫痪不能动者。（《医宗金鉴》）

八味带下方：治妇人头疮，起因于带下者。（《汉药神效方》）

八仙饮：治赤白带下不止，阴门瘙痒。（《产科发蒙·附录》）

除湿解毒汤：主治湿毒浸淫，指缝湿烂及皮肤糜烂，湿毒血瘀痤疮。（《中医症状鉴别诊断学》）

二苓化毒汤：补血泻毒。主治杨梅疮，遍体皆烂，疼痛非常。（《辨证录》）

【中成药应用例证】

丹王颗粒：化瘀通脉，利湿清热，消肿止痛。用于脉络瘀阻，湿热蕴结所致的慢性下肢静脉血栓形成和血栓性浅静脉炎，症见肢体肿胀，沉重作痛，肌肤变化等。

丹花口服液：祛风清热，除湿，散结。用于肺胃蕴热所致的粉刺（痤疮）。

丹黄祛瘀胶囊：活血止痛，软坚散结。用于气虚血瘀，痰湿凝滞引起的慢性盆腔炎，症见白带增多者。

乳癖安消胶囊：活血化瘀，软坚散结。用于气滞血瘀所致乳癖，乳腺小叶增生，卵巢囊肿，子宫肌瘤等。

前列舒通胶囊：清热利湿，化瘀散结。用于慢性前列腺炎，前列腺增生属湿热瘀阻证，症见尿频、尿急、尿淋沥，会阴、下腹或腰骶部坠胀或疼痛，阴囊潮湿等。

头痛宁胶囊：熄风涤痰，逐瘀止痛。用于偏头痛，紧张性头痛属痰瘀阻络证，症见痛势甚剧，或攻冲作痛，或痛如锥刺，或连及目齿，伴目眩畏光，胸闷脘胀，恶心呕吐，急躁易怒，反复发作。

拉丁名索引